生命の歴史の証人「化石」

約38億年前に誕生した地球の生命は、進化と繁栄と絶滅を繰り返して現在の生態系を形づくった。その事実を、今に生きる私たちが知ることができるのは、太古の地層から発掘された「化石」のおかげだ。化石は、生命の歴史を後世に伝えるタイムカプセルなのだ。

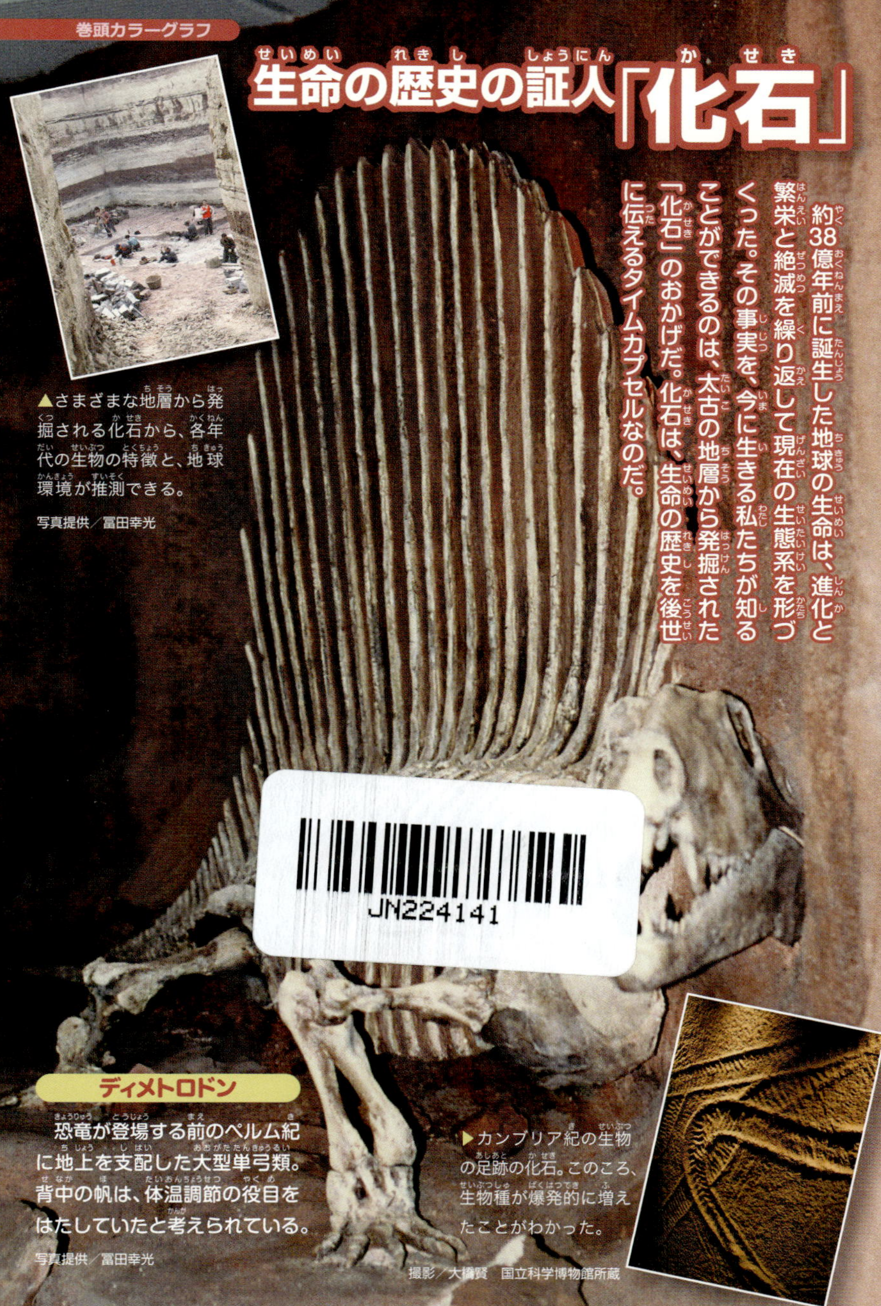

▲さまざまな地層から発掘される化石から、各年代の生物の特徴と、地球環境が推測できる。

写真提供／冨田幸光

ディメトロドン

恐竜が登場する前のペルム紀に地上を支配した大型単弓類。背中の帆は、体温調節の役目をはたしていたと考えられている。

写真提供／冨田幸光

▶カンブリア紀の生物の足跡の化石。このころ、生物種が爆発的に増えたことがわかった。

撮影／大橋賢　国立科学博物館所蔵

地質年代表

それぞれの地層から出た化石の特徴から、生命の歴史は3つの「代」と12の「紀」に分けられている。それぞれの紀の終わりには、環境の変化などによって、生物相が変わるような大量絶滅が起きたと考えられているぞ。

代	時代・紀	できごと
先カンブリア時代	先カンブリア時代	生命の誕生（約38億年前） 多細胞生物の出現（約20億年前）
	約5億4100万年前	
古生代	カンブリア紀	生命大爆発 魚類の出現
	約4億8640万年前	
古生代	オルドビス紀	三葉虫の繁栄
	約4億4340万年前	
古生代	シルル紀	陸上植物の出現
	約4億1920万年前	
古生代	デボン紀	昆虫の出現 脊椎動物の地上進出
	約3億5890万年前	
古生代	石炭紀	シダ植物の繁栄 裸子植物の出現

撮影／大橋賢　国立科学博物館所蔵

▲カンブリア紀の海を支配したアノマロカリスの化石。円形の口には鋭い歯がぎっしり。

▶カラミテスというシダ植物の化石。石炭紀からペルム紀にかけて繁栄した。

写真提供／冨田幸光

▲デボン紀最強の魚類、ダンクルオステウス。頭部の化石しか発見されていない。

撮影／大橋賢　国立科学博物館所蔵

◀三葉虫。カンブリア紀に誕生し、古生代の終わりまで永く繁栄し続けた。

撮影／大橋賢　国立科学博物館所蔵

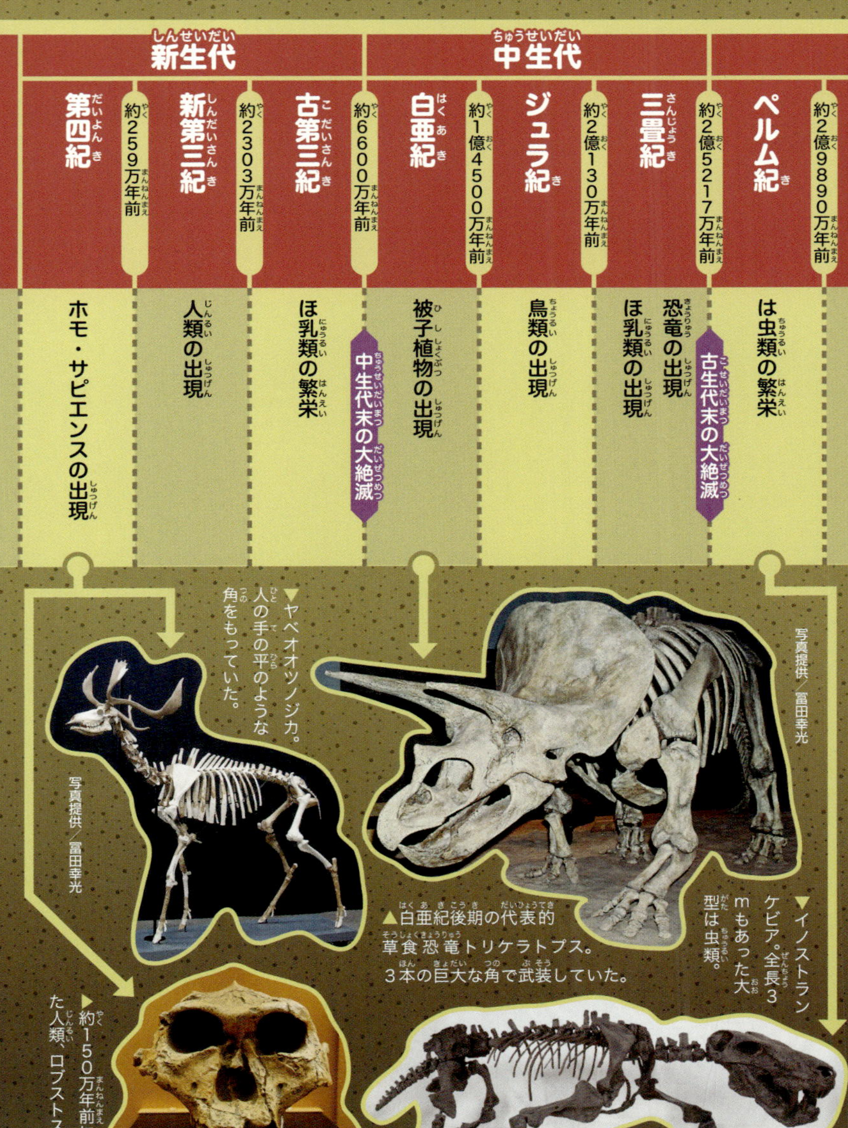
新生代
中生代
ペルム紀
約2億9890万年前
は虫類の繁栄
古生代末の大絶滅
三畳紀
約2億5217万年前
恐竜の出現
ほ乳類の出現
ジュラ紀
約2億130万年前
鳥類の出現
白亜紀
約1億4500万年前
被子植物の出現
中生代末の大絶滅
古第三紀
約6600万年前
ほ乳類の繁栄
新第三紀
約2303万年前
人類の出現
第四紀
約259万年前
ホモ・サピエンスの出現

▼イノストランケビア。全長3mもあった大型は虫類。

写真提供／冨田幸光

▲白亜紀後期の代表的草食恐竜トリケラトプス。3本の巨大な角で武装していた。

▼ヤベオオツノジカ。人の手の平のような角をもっていた。

写真提供／冨田幸光

▶約150万年前に絶滅した人類、ロブストス猿人。

撮影／大橋賢　国立科学博物館所蔵

写真提供／冨田幸光

現代に生きている化石たち

古代から生息し、ほとんど姿を変えないまま今も生きている生物のことを「生きている化石」と呼ぶ。すでに絶滅した種を、より深く知る手がかりにもなる、これらの貴重な生物たちを紹介しよう。

シーラカンス

▲古生代デボン紀に出現し、中生代末まで繁栄していたと考えられている古代魚。1938年、南アフリカで生存が確認され、世界中で大きな話題となった。

キーウィ

▲ニュージーランドに生息する飛べない鳥。絶滅が危惧されている。

オウムガイ

◀カンブリア紀に誕生した、アンモナイトに似た海洋生物。白亜紀末の大絶滅を生き延びて、現在でも南半球の海に4～6種が生き残っている。

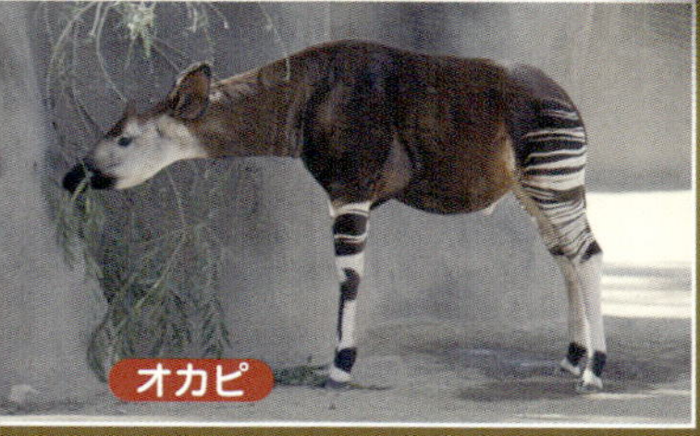

オカピ

撮影／朝倉秀之

◀シマウマのような模様をもつが、実はキリンのなかまだ。

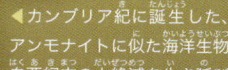

カモノハシ

▲授乳のための乳首をもたない原始的なほ乳類。オーストラリアに生息している。

ガラパゴスゾウガメ

◀世界最大のリクガメ。16世紀に人間がガラパゴス諸島に持ち込んだ外来生物によって、一度は絶滅しかかった。

ドラえもん科学ワールド
DORAEMON KAGAKU WORLD

生命進化と化石の不思議

ドラえもん科学ワールド
―生命進化と化石の不思議―

もくじ

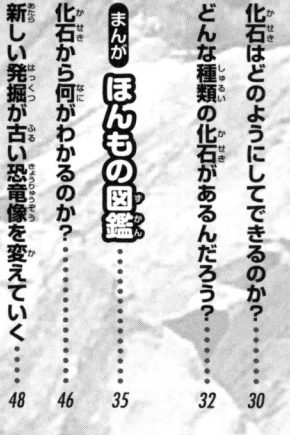

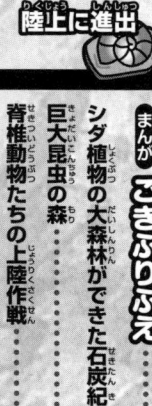

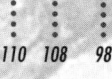

化石とは？

化石研究の意義

魚類の繁栄

陸上に進出

は虫類の誕生

恐竜の時代

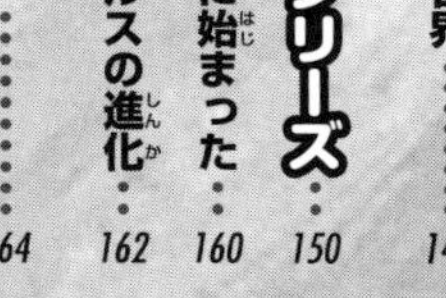

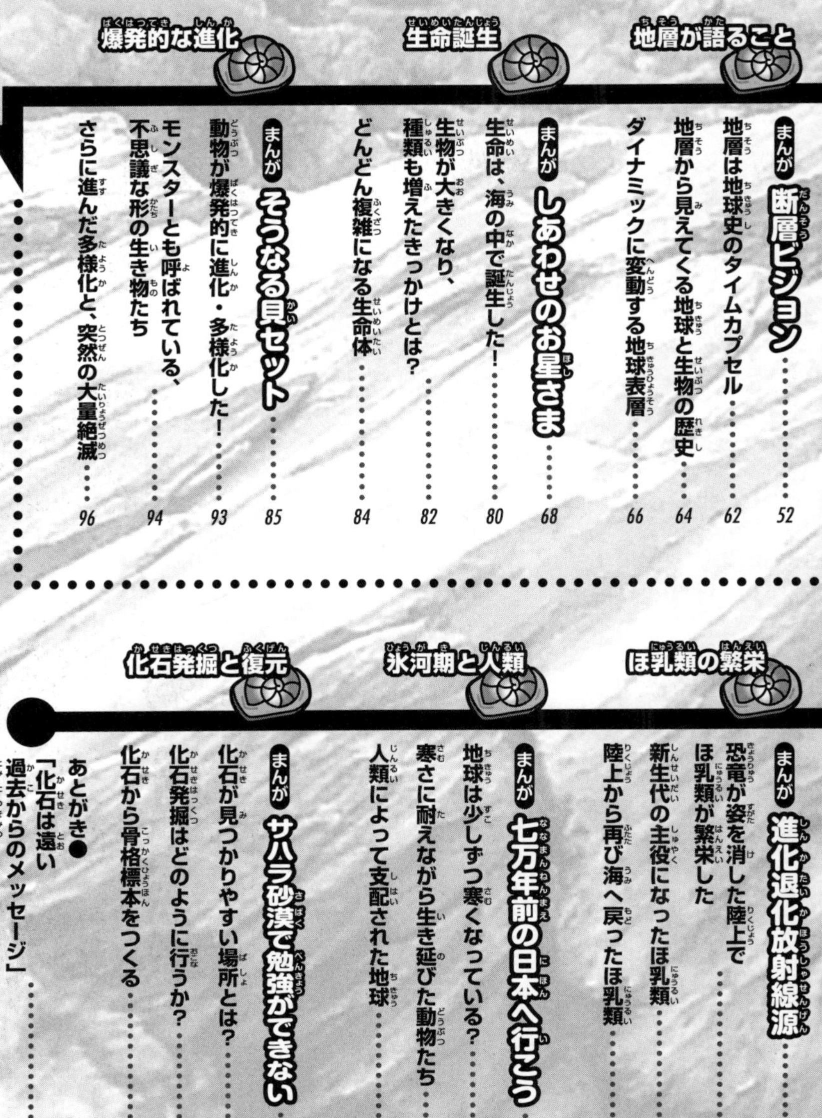

地層が語ること

生命誕生

爆発的な進化

ほ乳類の繁栄

氷河期と人類

化石発掘と復元

この本について

この本は、ドラえもんのまんがを楽しみながら、最新の科学知識を学ぼうとするよくばりな本です。まんがで扱われている科学のテーマを、その後に掘り下げて解説しています。かなり難しい内容も含まれているかもしれませんが、現在のさまざまな研究結果をふまえて、生命の進化と化石のことをできるだけわかりやすく解説しています。

大昔の生物や、生物が残したものが石になって発見される……化石は、地球からの貴重な贈り物です。本書では化石とはそもそもどんなものなのか、なぜできるのかから始めて、化石からわかった、大昔の地球の生き物の姿を解説しています。

生命が誕生してから、地球上ではさまざまな生物が誕生してきました。奇妙な形や想像が付かないほど巨大な体、どうやって動いたのかもわからない動物など、化石はその生態を私たちに教えてくれます。この本を読んで、皆さんが絶滅してしまった生物の姿や形、生きているときの暮らしなどを想像して、楽しんでいただきたいと思います。

※特に記述がないデータは、2016年10月現在のものです。

世紀の大発見だ！
それが生きて動いてる!!
しかもこれは新種だよ。世界のどこからもこんな形の三葉虫は見つかっていない！

ネッシーがくる

まあ、ずいぶんねっしんに、お勉強してるのね。

ノートをとったり、スクラップしたり…、
あついのに感心だわね。

二学期の成績が、楽しみね。

これくらい材料がそろえば、負けないだろうドラミちゃん。

ズル木のやつ、ネス湖の怪獣なんて、ぜったいにいんちきだというんだ。
それで、討論会をひらくことになったのね。

がんばって。

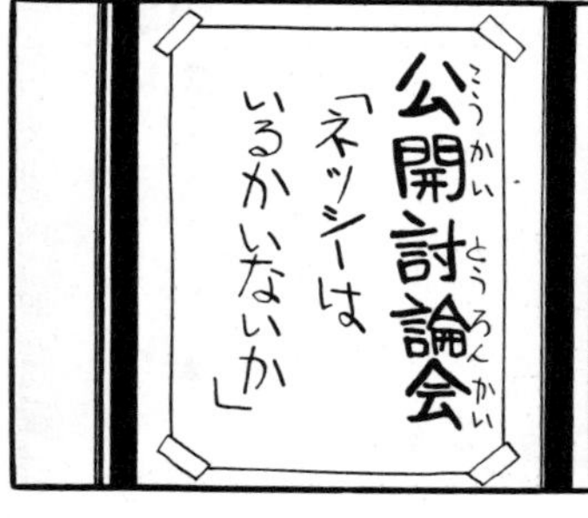
公開討論会
「ネッシーはいるかいないか」

生命進化と化石の不思議Q&A

Q 初めて命名された恐竜の化石は？

①ティラノサウルス ②トリケラトプス ③メガロサウルス

コン
コン

おたがいに、てってい的に話し合うこと。
みんなは、ふたりの意見をよくきいて、公平な判断をくだすこと。
そう、あくまでも科学的にね。

じゃ、はじめるぞ。
おれ、司会者、えへへ。

まず、ネッシーはかならずいると信じるのび太くんから。

スック
パチパチパチパチ

まずはじめに……。

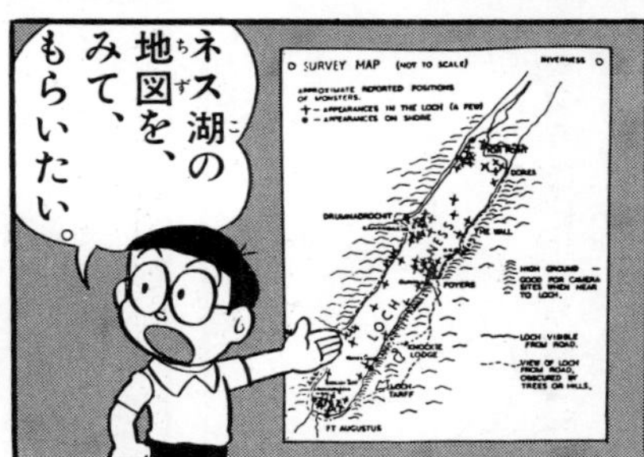
ネス湖の地図を、みて、もらいたい。
SURVEY MAP (NOT TO SCALE)
INVERNESS
LOCH
FT AUGUSTUS

こまかい×じるしがついているだろう。
これはみんな、ネッシーが目げきされた場所なんだ。
そんなにたくさん。

A ③メガロサウルス　1822年に発表された肉食恐竜メガロサウルスの下あごの化石が、最初の恐竜の化石といわれているよ。

Q エジプトのピラミッドで見つかったミイラも化石に分類される。本当？　ウソ？

ネッシーを見たという最初の記ろくは、
五六五年、つまり今から千四百年以上むかし、
アダムセンという人が「聖コロンバ伝」の中でネス湖の竜のことをかいている。

時代はかわって、一九三三年。
この年から、ネス湖のまわりに道路が開かれ、おおぜいの人がやってくるようになった。
ネッシーを見たという人も、ふえてきた。

一九三四年、漁業管理員キャンベルは、「首は一メートル八十センチ。ちょっとヘビに似ていた。背中は、大きくもりあがり全長九十メートルはあった。」といった。

A・キャンベル

同じ年、最初の写真がさつえいされた。とった人は、ケネス・ウィルソン。ロンドンの外科医だ。
同じく一九三四年、アーサー・グランドが、陸へあがったネッシーを見ている。
オートバイのライトにてらされたすがたは、古代生物プレシオサウルスそっくりだったという。

ストップ!!

そんなのいくらきいてもいみないと思うな。
どうしてだよ。

本人が見たというだけじゃ、
そんなのしょうこになるもんか。

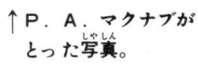

中には、うそつきもいるだろう。あわて者が、流木やひっくりかえったボートを、見まちがえたのかもしれない。

ウンウン

ズル木のいうとおりだ。何かしょうこをみせろ。
いいとも。

写真がうんとある。ありすぎてこまるぐらい。代表的なのだけみせよう。

↑※K・ウイルソンがとった写真。

スチュアートがとった写真。→

↑P．A．マクナブがとった写真。

オコナーが↓とった写真

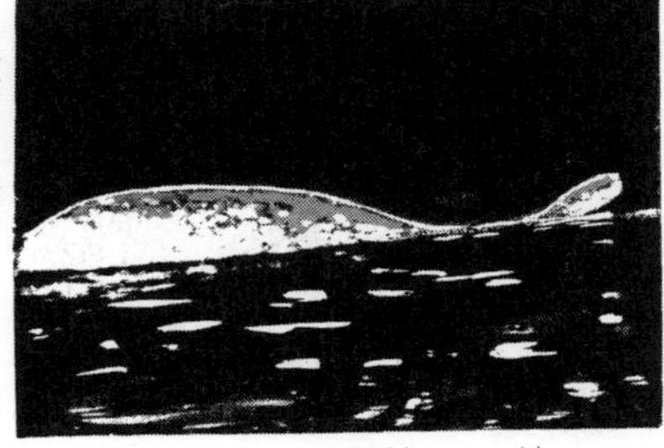

※ただし，この写真は1994年，トリック写真と判明。

A ウソ　化石とは、堆積層で1万年以上の時間をかけて自然に化石化した生物の痕跡のこと。人が作ったミイラは、化石とは呼ばない。

Q 史上最大の恐竜と言われるアルゼンチノサウルスは、全身の化石が見つかっている。本当？ ウソ？

うん、見たことある。
こんなに写真があるってことは……。
やっぱり、いるんだよ

ズル木なにかいわないのか。
ぼくの意見は、あとで。

あれだけの材料で……、
のび太さんがかてるかどうか……、

わたしはあやしいとおもう。
ズル木さんて、かなり頭がいいから。

もっとしっかりしたしょうこを、
用意しておかなくちゃ。

一九六八年、バーミンガム大学の科学者たちが、水中音波探知器を使ってネス湖を調査している。

結果は、あきらかに動物と思われる巨大なかげを、水中で探知しているんだよ。

ぼく、ネッシーはいると思うな。
あたしも。
おれ、はじめからそう思ってたぜ。

よし、きまった！ネッシーはいる。
ちょっと……。

きみしってる？バーミンガムの発表には、反対してる学者がおおぜいいることを。

水中音波探知器ってのは、ありもしないかげをうつしだすこともある。
幽霊といって、ありふれた現象なんだよ。

「地底探検車」に、
自動そうじゅうそうちをつけて……。

ゴゴゴ

ブク
ブク
いそいでいってきてね。

A ウソ　背骨やあばら骨、後ろ足の一部しか見つかっていない。でも、骨の大きさから推測して、史上最大の恐竜であると考えられている。

Q 生命の誕生が約38億年前といわれているのは、その時代の化石が見つかったから。本当？　ウソ？

どれもこれもぼやあっとはっきりしない写真ばっかり。

これらの写真を、ぼくは、ふたつの種類にわけたい。

その一、トリック写真。つまり、怪獣映画でおなじみの、つくりものの写真だ。

その二、まったく関係ない別のものがうつってる写真。

たとえばこれ。

動物学者のモーリス・バートンが、この写真についておもしろい研究をしている。

ここにうつっている怪獣の頭みたいなものだがね、

これの大きさを専門家に計算させたんだ。カメラの角度やうつすものまでのきょりなど……。

その結果、いがいに小さいものをうつしてることがわかった。

カメラ→

60センチ

7.5メートル

水にもぐろうとしているカワウソのしっぽと考えれば、いちばんぴったりするんだって。

A 本当 グリーンランドで見つかった約38億年前の岩石に、微生物の起源だと思われる炭素が含まれていたんだ。

こんなちっぽけな湖に……、
毎年おおぜいの人がおしかけてるのに、まだ一ぴきもつかまえられていない。

それどころか、骨一本見つかっていない。
これは、じつにふしぎなことだと思うがね。

ぼく、ネッシーはいないと思うよ。
あたしも。
おれ、はじめからいないと思ってた。

きまった！ネッシーはいない！
ちょ ちょ、ちょっとまってよ。

おれたちの公平なはんだんに、したがえないってのか！

なぐられたけど……、
ぼくはがんばった。
えらい！

新しい決定的なしょうこをみつけてくると、約束したんだ。

みつからなかったら……、
ぼくはみんなの前で、あやまらなきゃならない。

だいじょうぶ。ネッシーはほんとにいるんだから。

Q ゴキブリも「生きている化石」と呼ばれる。本当？　ウソ？

えーっ
ネッシーをつれてくるって！

公園の池と、スコットランドのネス湖を、地下水路でつなぐのよ。

探検車がネス湖につくと、
ネッシーが大好きなえさをばらまくの。

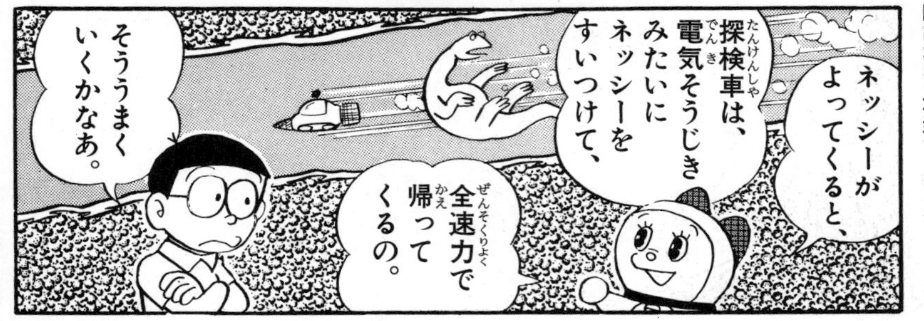
ネッシーがよってくると、
探検車は、電気そうじきみたいにネッシーをすいつけて、
全速力で帰ってくるの。
そううまくいくかなあ。

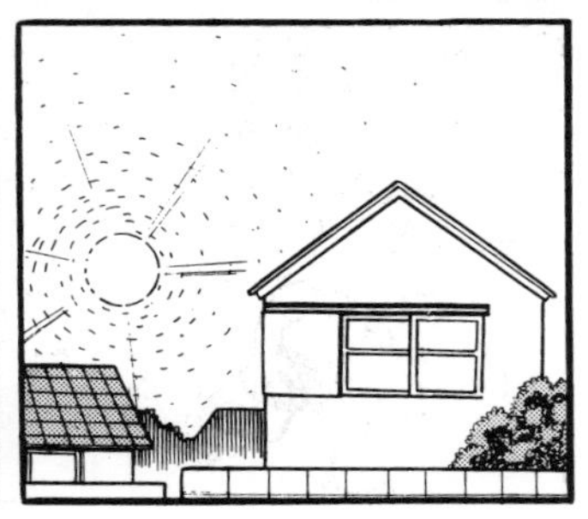

どこへ行くの、こんなにはやく。
うん……、ちょっと。

A 本当ゴキブリは、約3億年前の石炭紀に出現している。今より大きかったようだけど、形はほとんど変わっていないよ。

「エラチューブ」をはなにつめて……。

探検車のあけたトンネルだな。

スコットランドまでつづいているのか。

まだきていなかった。

よお、新しいしょうこはどうなった？

生命進化と化石の不思議Q&A

Q アンモナイト類は、化石でもオスかメスかを見わけられる。本当？　ウソ？

まだ三日めじゃないの。遠いんだから、一週間はかかるとおもうわ。

一週間以内にしょうこを見せるって、約束しちゃったんだ。
いいわよ。ぎりぎりにまにあうと思うわ。

でも、ネッシーがついたら、ズル木さんだけに見せて、すぐ帰さなきゃ。トンネルもうめちゃうの。

ほかの人に見つかって、さわぎになって、ネッシーがつかまったらたいへんでしょ。
それもそうだ。

ミーン
ミーン
きょうが一週間めの日だぞ。

はやく見せてもらいたいもんだね。ネッシーがたしかにいるというしょうこを！

それなのに、朝っぱらから池のまわりばっかりうろうろして！

もうすぐ見せるから。

あつい！うちでまってる！

しょうこがついたらすぐ見てもらいたいんだ。

ほんとにくるんだろうね。

日がくれたじゃないか！
こんなばかばかしいことは、はじめてだ！

男らしくあやまれっ。
ネッシーはいなかったって。

い、いや、午前0時まではきょうだから。

おこって、帰っちゃった。

11時50分！
見てくるわ。

A 本当 アンモナイトは、オスよりもメスの方がずっと大きい。殻の開口部あたりも、オスとメスでは形が違うぞ。

出たっ！

生命進化と化石の不思議Q&A

Q 中世のヨーロッパでは、化石が薬として使用されていた。本当？ ウソ？

はやく。
ズル木さんを！

どんなもんだい。
ネッシーはやはりいたんだぞ。
今、見せてやるからな。

ズル木くんおきろ!
ドドン
ドン
しょうこがきたぞ。

まちがえた。
これはジャイアンの家だっけ。

だれだだれだ。
こんな夜中に、人をおこして。

ズル木くんはやく!はやく!

えっ、ズル木くんいないんですか。

おそいじゃないの。
しんせきの家へ行ったんだって。

せっかくネス湖からつれてきたのに。
なんにもならないや。

A 本当　トードストーンと呼ばれる魚の歯の化石が、解毒剤やてんかんの治療薬になると信じられていた。

Q 殻がヘビのようにうねうねしたアンモナイト類の化石が見つかっている。本当？ ウソ？

せめて写真でも……。
そんなもの、どうせトリック写真だといわれるさ。

ギャー。

だれかにみられた。

さわぎになるわ！ネッシーを帰して、トンネルをうめなきゃ。

こっそりこの池の底で、かうわけにいかない？
とんでもないわ！

ネッシーはかけがえのない「生きている化石」なのよ。
もしものことがあったら、それこそ世界中の人におわびしなきゃ。

あした、ズル木にあやまるしかないな。
ごめんね、お役にたてなくて。
ああ、しょうこが帰っていく。

こいつ、おれの話を信じねえのか！
ゴッ
ボカ
ヒー！

らんぼうはよして。
どうしたの。

ゆうべさ、夜中にだれかにおこされて、そのあと目がさえてしまったのさ。

あつくるしかったから、公園へ散歩しにいったんだ。そしたら池の中から……。

あらわれたのが、例の写真のネッシーにそっくり！

もういっぺんきくぞ、ネッシーはいるかいないか。

いるいる。

ネッシーはほんとにいるんだよう。

A 本当 北海道で見つかったニッポニテスというアンモナイト類の化石は、殻が長くうねっている。「異常巻き」と呼ばれているよ。

化石ははるかな過去からの贈り物

ティラノサウルスの化石

白亜紀後期の恐竜ティラノサウルスの全身骨格。メガロサウルスが正式に命名された1824年まで、人々は恐竜という生き物がいたことすら知らなかった。

画像提供／冨田幸光

化石は地球の歴史と生命の謎を解く手がかりだ

化石とは、太古の地層や岩石から見つかる生物の死がいや足跡、生活の痕跡のことで、今から約1万年以上前のものをいう。これらの化石を調べれば、今はいない生物の特徴や発掘された地層ができた年代、当時の地球環境を知ることができる。たとえば、生物が誕生したのは今から約38億年前だったこと。それが次第に進化し、多様化していったこと。そして環境が大きく変わるたびに、さまざまな種が繁栄と絶滅を繰り返してきたこと。そんな地球と生命の歴史を、今を生きる私たちが知ることができるのは化石のおかげだ。化石は、はるかな過去からの貴重な贈り物なんだね。

▼化石の発掘現場。

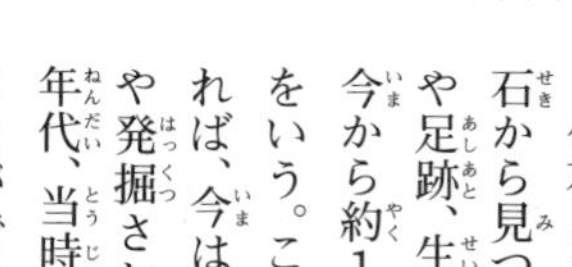

画像提供／冨田幸光

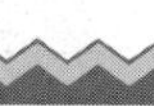

▼10万年前のホモ・サピエンスの化石。人類のなかまは20種以上いたが、現在も生きているのは私たちホモ・サピエンスだけだ。

写真提供／国立科学博物館

「生きている化石」って何のこと？

カラーページでも紹介したけど、「生きている化石」とは数億年から数万年前に繁栄していた生物が、ほとんど姿を変えることなく現代に生き残っている種のこと。もし、まんがのネッシーのような首長竜が今も生き残っていたら、生物学会や考古学会最大の発見になるだろうね。

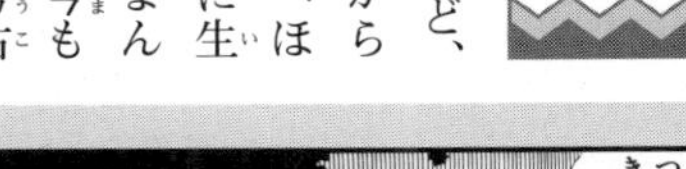

せっかくネス湖からつれてきたのに。
なんにもならないや。

特別コラム 貝塚の貝は化石とは呼ばない

貝塚は、大昔の人々が食べた貝の殻が大量に見つかるごみ捨て場の跡のこと。確かに地中から見つかるけれど、自然に堆積層に埋まったものではないため化石とは呼ばれない。こういう人類の生活の痕跡は、遺跡として分類されるよ。

化石はどのようにしてできるのか？

死んだ動植物は体の一部が地層の中で鉱物に変化する

動物が死ぬと、体のやわらかい部分は他の生物に食べられたり、くさって（微生物に分解されて）、やがてなくなってしまう。でも骨や歯、殻などのかたい部分は、簡単にはなくならない。これらが堆積物に埋まると、地層の中に長く残ることになる。そして地中の炭酸カルシウムやケイ素、水酸化鉄などによって鉱物に変化し、化石になるのだ。

一方、植物の多くは堆積層で炭化することで化石になる。この場合、葉や幹はもちろん、花粉も化石として残るぞ。

◀1万年以上の時間をかけて化石となった生物の死がいなどから、私たちははるかな過去を知ることができる。

イラスト／加藤貴夫

化石ができるまでの流れ

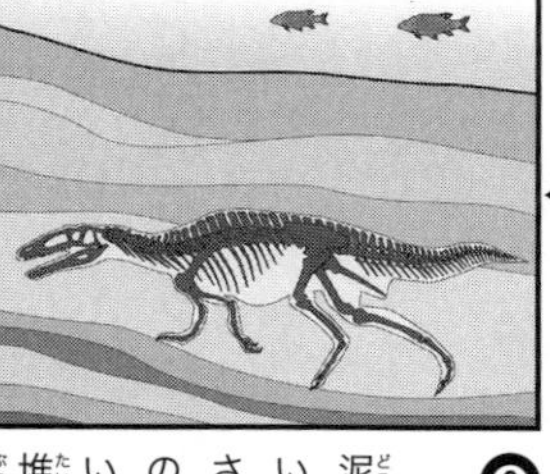

①生物が死ぬ

海洋生物や、川の岸辺で死んだ陸上生物が海底や湖底に沈む。皮や肉、内臓などのやわらかい部分はくさり始め、やがてかたい歯や骨だけが残る。（※バクテリアなどがいない環境では、やわらかい部分が化石として残ることもある）

②地層に埋まる

水の流れが運んできた砂や泥が死がいの上に積もり、長い時間をかけて地層になる。さらに、新しい時代の生き物の死がいと土砂が堆積し、古い死がいは上に積み重なった堆積物の圧力と化学反応で鉱物に変わり、化石となる。

イラスト／加藤貴夫

イラスト／佐藤諭

化石の正確な復元作業は想像力と経験のたまもの

化石の多くは、全身まるごとそろって見つかるわけじゃない。研究者たちは、ひとかけらのパーツから全体像を想像し、経験の積み重ねで復元作業を行っている。図鑑に描かれた古代生物の姿が、本当はまったく違っていた…なんて可能性もあるんだ。

特別コラム　学者もだまされたニセ化石事件とは？

X線分析までできる現代と違い、昔は化石が本物かどうかを見分けることが難しかったようだ。18世紀、著名な博物学者だったドイツのヨハン・ベリンガーが、トカゲやカエルの形が彫られた石灰岩を本物と信じて発表し、大恥をかいたんだとか。にせ物をつかませたのは大学の同僚２人。ベリンガーの態度が、あまりに偉そうだったことに腹を立て、彼が発掘作業をしていた地層に、にせ物を埋めていたのだ。発覚後、双方ともに名誉が大きく傷ついたんだって。

③海底が隆起する

数万年から数億年という時間の流れにともない、地殻が変動し、それまで湖底や海底だった地層が盛り上がって陸地になる。このとき、地層で眠っていた化石も一緒に、がけや地面のすぐ近くまで持ち上げられる。

④地表に現れる

がけや地面は、自然の風化作用（雨や風、川の流れなど）によって少しずつ表面が削り取られ、ついに化石が姿を現す。そして、人間の手で発掘された化石は、その生物が生きていた時代を知るための重要な手がかりになるのだ。

※生物の死がいが化石になるために重要なことは、なるべく早く土砂の中に埋まること。だが陸上の死がいは、酸素や風雨にさらされて、やがてかたい骨さえ砕かれ消えてしまう。一方、湖底や海底の死がいは水流に運ばれる土砂によって比較的早く地中に埋まるため、化石化する確率が高いんだ。

どんな種類の化石があるんだろう？

化石は元になった生物や変質のしかたで分類される

化石と聞いてすぐに思い浮かべるのは、恐竜やマンモスなど、古代の生物の全身骨格だよね。でも、生物の足跡や、石油のように生物の死がいから生まれた燃料なども、化石の一種として分類されるんだ。化石は、元になった生物（または生物の活動の痕跡）が、どのように変質したかで、さまざまに分類されるぞ。

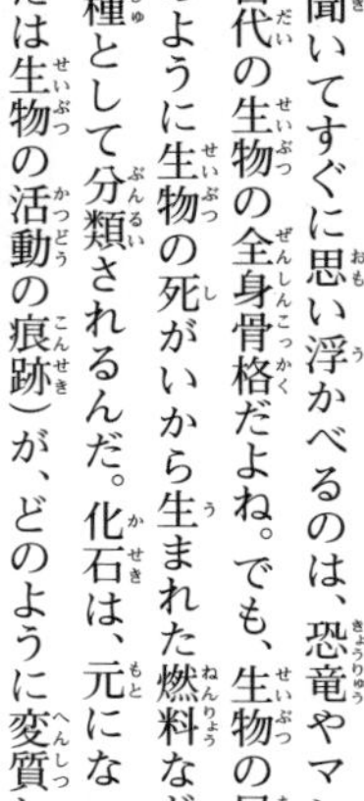

体化石

体化石とは、骨や歯、殻など、生物の体の部分がそのまま残った化石のこと。炭化した植物も、この中に含まれる。実体がともなっているので、古代生物の特徴を研究するには、最も適している化石だぞ。

画像提供／冨田幸光

▲カルカロドントサウルスの頭部化石。

印象化石

元の生物の体組織が地層に含まれた成分によって変質し、消えてしまった後に、その形だけが空洞として残ったものを印象化石と呼ぶ。代表的な印象化石は、貝類や木の葉など。他に、クラゲのような体に硬い部分をもたない生物の化石もたくさん見つかっている。

▲クラゲ様生物の化石。

撮影／大橋賢　国立科学博物館所蔵

生痕化石

足跡や巣、フンなど、古代の生物が生きていたころの活動の痕跡を示す化石を生痕化石と呼ぶぞ。群れで暮らす生物だったかどうかや、何を食べていたかなど、生態を知る手がかりになるぞ。

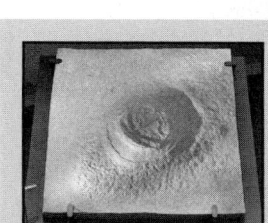

画像提供／冨田幸光

▶鳥脚類に属する恐竜の足跡。

化学（分子）化石

写真提供／国立科学博物館

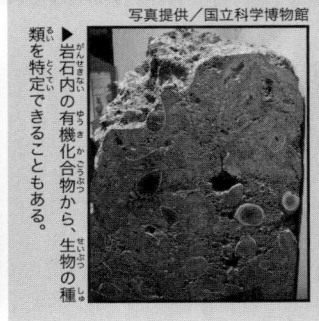

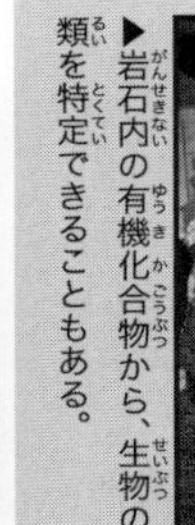

▶岩石内の有機化合物から、生物の種類を特定できることもある。

堆積層の岩石の中に含まれる、生物の体からできたと考えられる有機化合物を化学化石、あるいは分子化石と呼ぶ。炭化水素やアミノ酸などを含んだ分子レベルの化石のことで、生命の起源を解き明かすカギになると期待されているんだ。

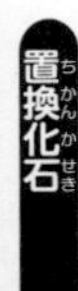

置換化石

写真提供／国立科学博物館

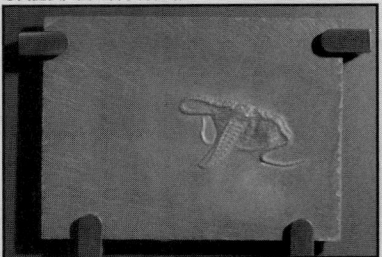

▲ドイツで発掘されたクモヒトデ類の置換化石。

置換化石とは地中に埋まった生物の骨や歯、殻などの体組織に、堆積層に含まれる鉱物成分が長い年月をかけてしみ込み、体組織自体が鉱物へと置き換わったもののこと。先に紹介した体化石のほとんども、広いくくりではこの置換化石に含まれるんだ。

化石燃料

▲インドネシアの油田地帯。

石油や石炭、天然ガスなどの資源を化石燃料ともいう。それはこれらの燃料が、太古の動植物の死がいが地中の圧力と地熱などによって可燃性の高い物質に変化してできたものだから。化石燃料ができるには、数億年かかるといわれているぞ。

琥珀化石

樹木からしみ出した樹液が固まり、地層の中で数百万年から数千万年の時をかけて化石化したものが琥珀だ。その特徴は、装飾品として用いられるほど美しいこと。特に、樹液の中に閉じ込められた虫が一緒に琥珀化したものは、高値で取引されるほど人気が高いぞ。

▲岩手県で見つかった白亜紀後期の巨大琥珀。

撮影／大橋賢　国立科学博物館所蔵

生物が活動していたころの情報がまるごと保存されている化石鉱脈

撮影／大橋賢　国立科学博物館所蔵

▲アノマロカリスの化石。

化石鉱脈とは、単体の化石ではなく、その時代に生きていた生物群の情報がまるごと保存されている化石層のこと。カンブリア紀の生物群を閉じ込めたカナダのバージェス頁岩や、さらに古い時代である先カンブリア時代の動物群が出たオーストラリアのエディアカラ丘陵が有名だ。

この時代の生物には殻も骨格もないため、本来なら化石化するのが難しいはずだが、大きな泥流などによってあたり一帯が一瞬で地中に埋没したため、貴重な痕跡が今に残ったと考えられているよ。

▶遠いカンブリア紀の貴重な情報が化石鉱脈に残った。

イラスト／佐藤諭

永久凍土など、特殊な環境下で発見された化石は、保存状態が抜群

画像提供／冨田幸光

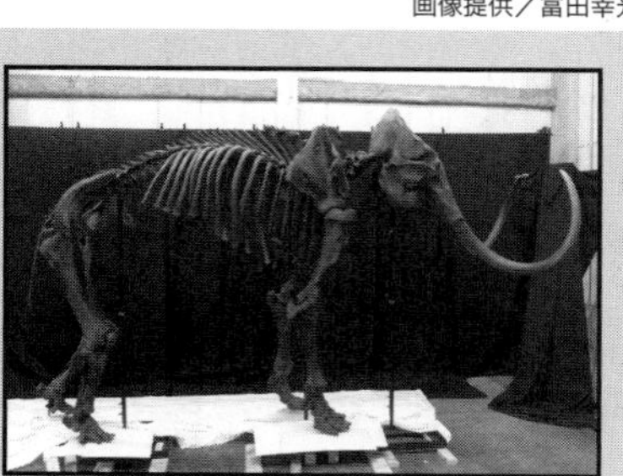

▲シベリアで発見されたマンモスの化石。

化石が見つかるのは、地層からだけじゃない。ロシアのシベリアでは永久凍土と呼ばれる凍結した土の中からマンモスやホラアナライオンなど、ミイラと言ってもいいほど保存状態がよい化石が多数発見されている。

また、天然アスファルトから見つかる化石も保存状態は良好だ。たとえば数万年前のアメリカにはアスファルトの沼がたくさんあった。ここに落ちて死んだ動物は、タールに包まれるためくさりにくいんだ。

◀永久凍土では、凍りついたホラアナライオンが見つかっている。

イラスト／加藤貴夫

ほんもの図鑑（ずかん）
大むかしの生きもの

メガネザルってのがいるんだ。
遠い南の国に。

それが、のび太にそっくりなんだ。
ほんとかい。
あははは。

あれ悪口いわれてもおこらないの。
はりあいないや。

メガネザルそっくりだって。
そんなこといわれて、なぜおこらない。

どうしておこるの。
ぼくに似てるなら、よっぽどりっぱな顔の猿だろ。

どんなすてきな猿か、図鑑で調べよう。

あれっ、猿のページがない！
動物図鑑

友だちにかした時、やぶかれたんだ。悪いやつだな。

そんな大事な本は、かしちゃだめなんだよ。

A 本当　プシッタコサウルスという草食恐竜の幼体を食べたと思われる、体長約60㎝のほ乳類の化石が中国で見つかっている。

ぼくの図鑑で、調べなさい。

これは植物図鑑だろ。
こっちが、昆虫図鑑。
こん虫
しょく物

ドサ
ドサ
動物図鑑はどこだっけ。

あった。
ほんもの図鑑
どうぶつ

「ほんもの図鑑」って何だい。
まあ、みてみな。
どうぶつ

メガネザルは、263ページだな。

これだ。
メガネザル

ポン
キキッ。

Q ティラノサウルスが急激に成長する時期はいつ？

①5～10歳 ②10～15歳 ③15歳～20歳

ほんものをみられるのが、この図鑑の特ちょうだよ。
なるほど似てる。
キキッ
キーッ

もういい。しまってくれ。

キキッ

もどれ。

これでよし。

いい図鑑だね。かしてよ。
だめっ。ほんものだから、なくなるとこまるんだ。

大事に使うから。ねえ、かしてよ。

モク
モク

のび太のへやから、煙がでてる。
火事だ。

A ③15〜20歳　骨を詳しく調べた結果、15歳で約2tだったティラノサウルスが20歳には一気に5tほどに成長していたことがわかったよ。

煙じゃないぞ。入道雲だ。

ちがうよ。入道雲は、夏にでるんだぞ。かみなりがなって、夕立がふるんだ。

ピカ
ゴロゴロ
ザア

この図鑑でだしたんだ。
おてんき

ほかにも、いろいろあるよ。
ほんもの図鑑だって!

かしてくれ。
ぼくにも。
おれにも。
さかな

えっ、もっていかれたって。

きみの友だちは、かりた本をやぶるようなやつだろ。
とり返してくるから。

ちょっとくらい、いいじゃんか。
だめっ、すぐ返せ。

やったな。
たべもの

おかしを食べちゃった。
チョコレー
デコレーションケーキ
クリー
ショートケーキ
ホットケーキ

買ってかえすよ。

生命進化と化石の不思議Q&A

Q マンモスに、より近い種はどっち?

①アフリカゾウ　②インドゾウ

A ②インドゾウ　マンモスは、約600万年前にアジアゾウとの共通先祖から分岐した。

ちょうがたりない。
こん虫
せっかくめずらしいのが、手に入ったと思ったのに。
ひょっとしたら、それ「乗り物図鑑」の車じゃないか。
ププー
ひと回りしてから返すよ。
1915フォード
だれかきてえ！
オバケ

Q 食べた獲物と一緒に化石化した生物がいる。本当？　ウソ？

みんなもどってよかったね。
のりもの

まだ、一冊たりない。

「大むかしの生きもの」という図鑑だ。
きっと、スネ夫だ。

ギャァ

どうして、マンモスなんかだしたんだい。

さわいじゃだめっ。
おこらせたら、手のつけようがないんだ。
バフッバフッ
しずかな歌で、気をしずめさせよう。
ぞうさん、ぞうさん、おはながいのね。
しめた。うっとりときいてるぞ。
すてきなぞうさん、いいぞうさん。
ぞうさん大好きよう。
ギロ
ソーッ

A 本当　獲物と一緒に化石化する例は多数あり、最近では昆虫を食べたトカゲをさらに食べたヘビの化石が見つかっている。

バシッ
あっ、図鑑が。

バオッ

にげろ。

「お話図鑑」で、強い人間をだそう。
ポン
ポン

だめだ。

生命進化と化石の不思議Q&A

Q 発掘された化石を調べる以外、その地層の年代を知る方法はない。本当？ ウソ？

ドスドス
ワアー
ブーン
ガバッ
うまくいった。
のび太くん、マンモスは図鑑にもどったから、もう安心だよ。
だしてくれえ。
マストド
のび太
マンモス
ここだよう。

A ウソ　たとえばウランのような放射性物質は、時が経つと少しずつ鉛に変わる。だから、鉱物中のウランと鉛の量を調べれば年代がわかる。

化石から何がわかるのか？

太古の生物の特徴と生命の進化の流れがわかる

化石は、その生物が生きていたときの特徴を教えてくれる。また前後の時代の化石と比較したり、地層の成分を調べることで、生命の進化の流れや地球環境の変化についても知ることができるんだ。では、例としてティラノサウルスの化石から、何がわかるのかを見てみよう。

だしてくれえ。
のび太
マンモス

◀図鑑などをとおして、私たちが古代の生き物について知ることができるのも化石のおかげだ。

化石からわかること

尾

長い尾で、大きな頭とバランスをとっていた。また、ムチのように武器として使ったとも考えられている。

恥骨

後ろ脚の間にある大きな恥骨。大型の肉食恐竜はこれを支えにして、いすに座るように休憩していたと考えられている。

撮影／大橋賢　国立科学博物館所蔵

特別コラム　初期の恐竜は自然界の弱者だった

恐竜が出現したのは三畳紀半ば。は虫類から枝分かれして誕生したと考えられている。でも発掘された化石から、初期の恐竜は体長が1ｍにも満たなかったとわかっている。つまり、大型は虫類に狙われる自然界の弱者だったんだ。

イラスト／加藤貴夫

イラスト／佐藤諭

ティラノサウルスの

頭

頭部の骨からは、脳みその形や大きさがわかる。ティラノサウルスの脳は、人間の4分の1ぐらい。獲物のにおいをかぎ分ける能力には優れていたようだ。

傷

化石には他の動物につけられた傷跡が残ることがある。無敵のティラノサウルスも、同じティラノサウルスの歯やトリケラトプスの角によって傷つけられたことがあったようだ。戦いの毎日だったのかも。

目

前向きについた目は、ものを立体視するのに向いている。眼球の大きさは、ソフトボールくらいだったようだぞ。

口

大型の肉食恐竜は数々いるけど、中でもティラノサウルスのあごの力は特別に強かったようだ（163ページ参照）。獲物の肉はもちろん、骨まで砕くことができたと考えられているぞ。

前脚

前脚の長さは、人間の腕とほぼ同じ。極端に短いため戦いには使えないが、立ち上がるときに自分の体重を支えるくらいのパワーはあったらしい。

後ろ脚

長くたくましい後ろ脚は、一説では時速30〜40kmのスピードが出せたと考えられている。人間なら必死で走っても逃げ切れない速さだ。

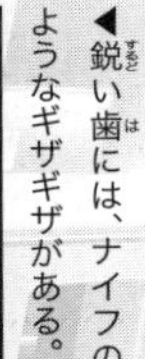

◀鋭い歯には、ナイフのようなギザギザがある。

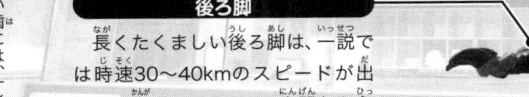

画像提供／冨田幸光

新しい発掘が古い恐竜像を変えていく

恐竜はほ乳類と同じ内温性か　は虫類と同じ外温性か？

化石のサンプルが増えてくると新たな発見があったり、定説がくつがえったりすることがある。たとえば、は虫類から枝分かれした恐竜は、以前は自分で体温調節できない外温性動物だと考えられていた。だが近年、羽毛をもつ恐竜の化石が数多く見つかるようになってきた。

羽毛をもつ鳥類は、自力で体温調節できる内温性動物。だから、少なくとも恐竜の一部は内温性ではないかという説が今では有力になっている。また最近では、大きな恐竜は小型恐竜に比べて体が冷えるのに時間がかかるため、ある程度体温を一定に保つ「慣性恒温性動物」だった、という説も提唱されているよ。

▶羽毛のあるティラノサウルス類の化石も発見された。

イラスト／加藤貴夫

恐竜の鳴き声は　どんなものだった？

恐竜の鳴き声を解明できる化石はまだ発見されていないが、は虫類や恐竜の子孫である鳥類から推測して、ハトのように口を閉じて「クー」とのどを鳴らしていた、と考える研究者がいるぞ。

ポーポー!!!

▶ハトと鳴き声が近い？本当ならすごいギャップ。

イラスト／佐藤諭

恐竜の寿命まで　わかるようになってきた

骨には年齢の目安となる成長線がある。高齢になると傷みも多くなるため、化石を分析すれば大体の寿命が予測できる。小型恐竜は3〜5年、大型肉食恐竜は30年ほどの寿命だと考えられているよ。

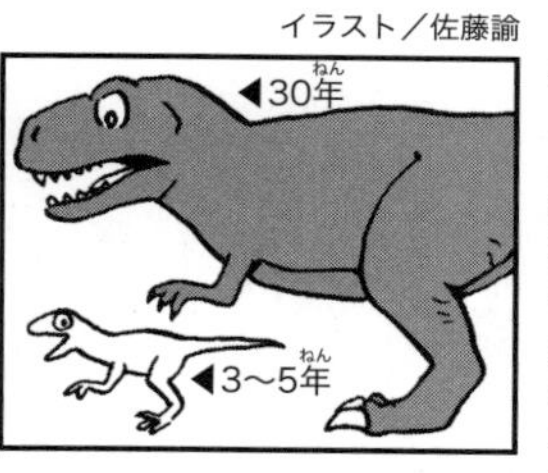
30年
3〜5年

▶大型の恐竜ほど、寿命は長かったようだ。

イラスト／佐藤諭

画像提供／冨田幸光

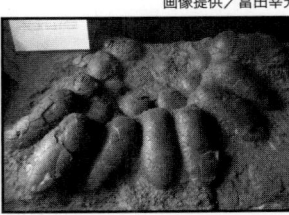

▶孵化前の卵がある恐竜の巣。貴重な化石だ。

恐竜は一度にいくつ卵を産んだのか？

近年、恐竜は一度にたくさん産卵したという説が有力だ。化石としては、34頭の子どもと一緒に死んだプシッタコサウルス（全長1～2mの草食恐竜）が、見つかっている。大量に産んで、きちんと子育てもしていたんだね。

ティラノサウルスも集団で狩りをした

大型の肉食恐竜は、単独で行動するものと考えられてきた。でも、最近ではティラノサウルスも集団で行動していたことがわかってきた。ただし、お互いに信頼関係があるわけではなく、トリケラトプスのような強敵をしとめるために利用し合う関係だったようだぞ。

▶獲物をしとめた後は、ティラノサウルスどうしの肉の奪い合いが起きたらしい。

イラスト／加藤貴夫

毒で獲物をしとめる恐竜は本当にいた!?

以前、毒を吹きかける恐竜が登場する映画があったが、あれはフィクション。だが、本当に毒をもっていた可能性がある恐竜がいる。白亜紀前期に生息したシノルニトサウルスの上あごの長い歯には溝があり、ここから獲物に毒を注入したと考えられているぞ。

シノルニトサウルスの化石

画像提供／冨田幸光

特別コラム　体色が明らかになった恐竜がいる？

体毛の色を決定づけるのはメラニン色素という物質。1995年、このメラニン色素を含んだ恐竜、シノサウロプテリクスの化石が中国で発見された。電子顕微鏡で調べた結果、この恐竜は赤や黄色などの暖色系の羽毛をもっていたらしいことがわかったぞ。

◀羽毛をもつ恐竜、シノサウロプテリクス。

イラスト／加藤貴夫

化石は太古の地層や環境も教えてくれる

イラスト／佐藤諭

新生代
中生代
古生代
▲地層の年代を知ることに、示準化石は役立ってきた。

昔の生物が生きていた地層時代がわかる示準化石

化石が教えてくれるのは、古代の生き物の特徴だけじゃない。たとえば日本のある地層から、比較的短い時代にだけ生きていた生物の化石が出たとする。もし同じ化石がアメリカのある地層からも出たとすれば、ふたつの地層は同じ時代のものだということになる。このように遠く離れた場所の地層を比べて、その時代を特定することに役立つ化石を示準化石と呼ぶ。

示準化石の例

画像提供／冨田幸光

▶アンモナイト
中生代の海で、広く繁栄した海洋生物。

画像提供／冨田幸光

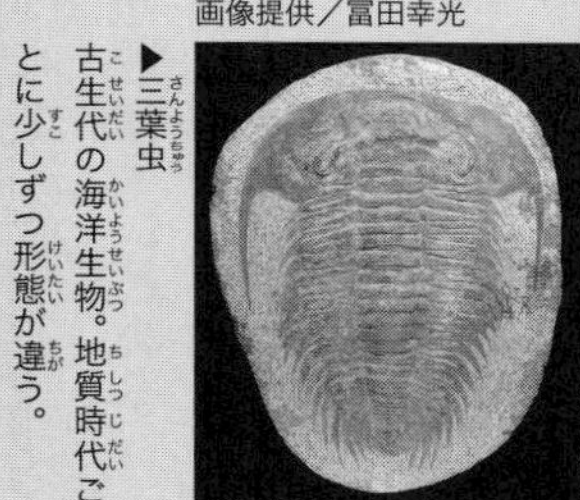
▶三葉虫
古生代の海洋生物。地質時代ごとに少しずつ形態が違う。

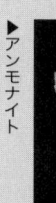

◀ビカリア
新生代古第三紀～新第三紀にだけ、広く生息した巻き貝だ。

撮影／大橋賢　国立科学博物館所蔵

◀ナウマンゾウ
マンモスと同じ新生代第四紀に生息したゾウのなかま。

画像提供／冨田幸光

その生物が生きていた時代の環境がわかる示相化石

古代生物が生きていた時代、そこはどんな環境だったのかを教えてくれる化石もある。たとえばそれがシダ類の化石であれば、温暖な環境で繁殖していただろうことが推測できるし、マンモスの化石であれば冷たい環境だったことがわかる。そしてそれらの化石が広範囲で見つかれば、地域差の問題ではなく地球全体が暖かかったとか、寒かったとわかるわけだ。こういう化石を示相化石と呼ぶ。限られた環境の中でしか生きていけない生物や、現生の生物と似たところが多く、比較しやすい古代生物の化石が示相化石になりやすいぞ。

撮影／朝倉秀之

◀サンゴは、限られた環境下で生息する生物の代表だ。

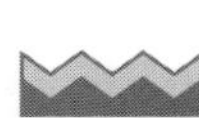

イラスト／佐藤諭

特別コラム 花粉の化石から太古の気候がわかる

花粉は、化石（微化石と呼ばれる小さな化石）になりやすい。花粉には、スポロポレニンという化学的に安定した物質が含まれているため細胞膜が非常に強く、酸やアルカリなどの薬品にも溶けることがない。酸素にさらされなければ、数万年もの間破壊されずに残るんだ。この花粉の微化石を調べれば、太古にはどんな植物が、どの地域に繁殖していたかが明らかになる。海洋植物の微化石が出れば、そこがかつて海だったことがわかり、また植物分布の移り変わりから、気候の変動まで知ることができるのだ。

示相化石の例

撮影／大橋賢　国立科学博物館所蔵

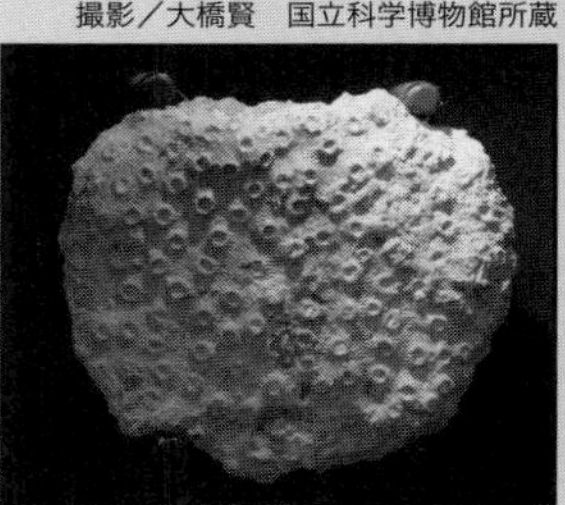

▶サンゴ
サンゴは、温暖できれいな浅い海でしか生息できない。

◀シジミ
シジミの化石は、かつて淡水だった場所から発掘される。

撮影／大橋賢　国立科学博物館所蔵

断層(だんそう)ビジョン

そろそろこづかいがたりなくなった。
宝の地図を役立てる時がきた。
ナニ!? 宝の地図!?
このあいだ思いがけずおじさんやおばさんからこづかいもらっちゃってさ、
そうなると両親がうるさくて……。
子どもが大金をもってるとむだづかいするから、ママにあずけなさい。
つい飲みすぎちゃって…………。しばらくかしてくれない?
うら山へうめて、目じるしをかいておいたんだ。ほりにいこう。
手つだってやるから一割よこせ。

ヒュウ
ウ…、さむい!!

こづかいのためだ、いくしかない!

たしかこのあたり……。
あれ?
あれ!
あれあれ?

目じるしがなくなっててみつからなかったア。

これが目じるし!?
のらいぬ
たから
かみくず
ジュースのあきかん
がっこ

三つの目じるしのまん中にうめたのに。
あきれた!
ほん〜〜〜とにあきれた!!

全財産をなくした。もう生きてるかいがない。

生命進化と化石の不思議Q&A

Q 湖底や海底の地層に残された植物の花粉から昔の環境がわかる。本当? ウソ?

「断層ビジョン」
学術研究用に開発された機械だよ。
外からみえないようなところをてがるに調べられる。
やってみせる。
ブブ……
ちょっといけないようなところ……。
たとえば深海の底とか……。
巨大なピラミッドの中とか。
小さなハチの巣の中……。
さらに小さな機械の中……。

A 本当　花粉は丈夫な細胞壁で守られており、海底などの低酸素環境では微化石となって何万年も残る。その種類から気候などがわかるんだ。

Q 米国ロサンゼルス郊外には、新生代のさまざまな動物の化石が出る池がある。本当？ ウソ？

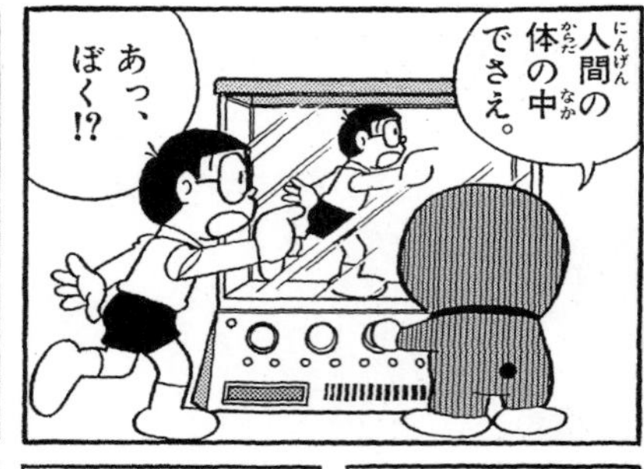
人間の体の中でさえ。
あっ、ぼく!?

よせよ気もち悪い!!

これでうら山の地面の中を調べれば……。

いちいちほりかえさずにすむわけか!!

ブーン
ん!? ……。
なんだ、これは？

あ、縮尺率をまちがえて地球がうつっちゃった。ほら、外側のうすい層が地かくで、その下がマントル。まん中の高熱の部分がコア…。
でも、これじゃ宝をさがせないよ。

わかってる。縮尺率をさげていけばいいんだ。

地かくを拡大すると、ほ〜ら海と陸がみえてきた。

A 本当 ランチョ・ラ・ブレアには、天然のアスファルトがたまった池がある。この池に落ちた動物の骨が化石として残っているんだ。

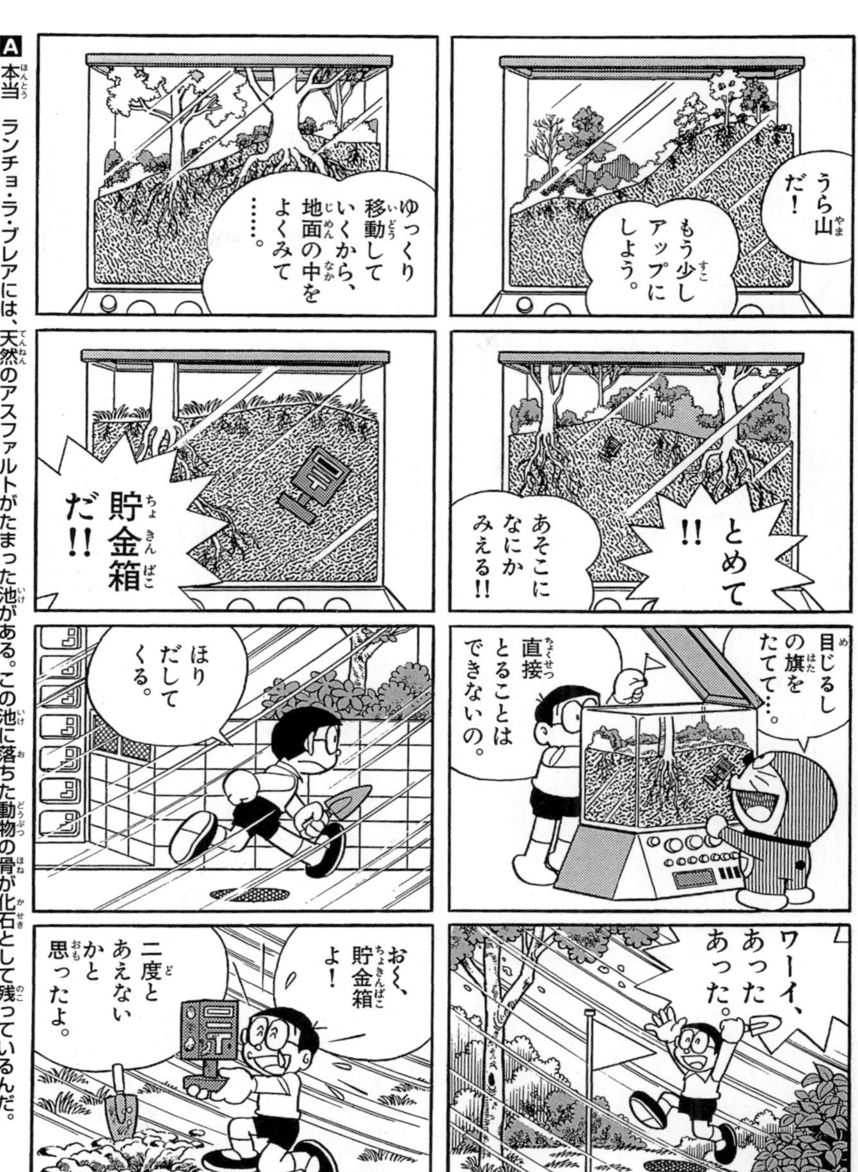

うら山だ！
もう少しアップにしよう。
ゆっくり移動していくから、地面の中をよくみて……。
とめて!!
あそこになにかみえる!!
貯金箱だ!!
目じるしの旗をたてて…。
直接とることはできないの。
ほりだしてくる。
ワーイ、あったあった。
お〜、貯金箱よ！
二度とあえないかと思ったよ。

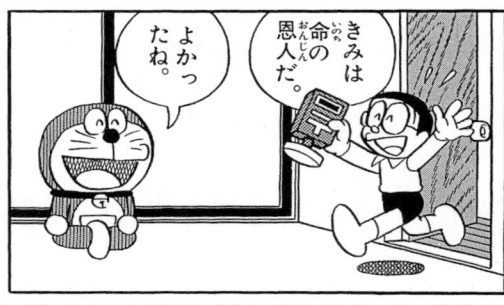

生命進化と化石の不思議Q&A

Q 白亜紀末の大絶滅の原因が隕石衝突とされるのは、地層から何が出たから？　①鉄　②イリジウム　③ウラン

きみは命の恩人だ。
よかったね。

……あの機械は？

しまったよ、用がすんだから。

あんなおもしろいもの、もっと使わせてよ。

学術研究用の機械をおもしろ半分に使うとは！

ぼくはガクジュツケンキューをしたいんだよ。
ほんとか？

これが経度、こっちが緯度を調整するダイヤル。
標高はこっちで…。

なにをみるの。
ええ…、アリの巣の観察。

しずちゃんの家じゃないか。
庭に大きなアリの巣があるの！

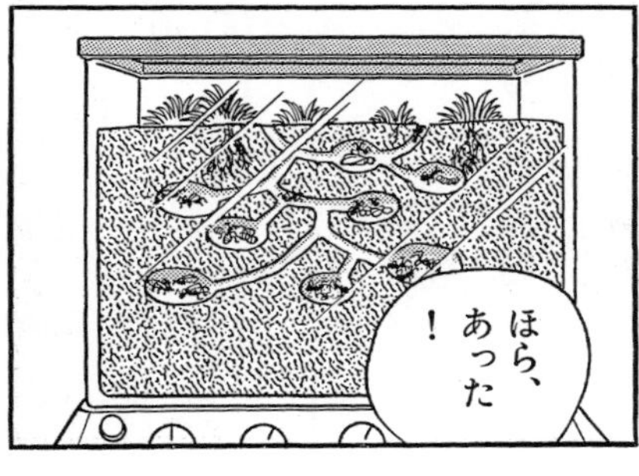
ほら、あった！

A ②イリジウム　世界各地の白亜紀と古第三紀の境界地層から、隕石に多く含まれるイリジウムという元素が見つかったんだ。

いやあじつに興味深い、おもしろい。
くれぐれもまじめに勉強するんだよ。
ちょっと上の方みてみよう。
ジャーン
浴室の構造はこうなっているのか、なるほど…。
なにみてんだ!!
グルグルグル
いやなに、たいしたものみてないよ。
なんだ、あれは!?

生命進化と化石の不思議Q&A

Q 日本で海の生物の化石が多く見つかるのは、海に面していて、化石が波で運ばれたから。本当？ ウソ？

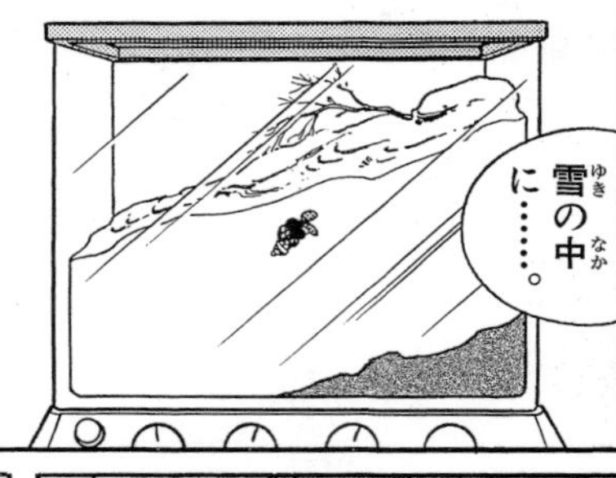
雪の中に……。

なだれでうまってるんだ!!

旗をたてて、
たすけにいこう!!

メーターが示した位置は、
どうやら槍ケ峯の中腹らしい。

あそこだ!!

まにあった!!

病院へわたしてきたから、もう心配ないよ。

おやつですよ。

ぼくは用があるから先にいってて。

？
おそかったか……、もうあがっちゃったみたい。

あ、いやこれは…あの、その……。

A ウソ　日本列島ができる前やできた後も海の底だった場所が多いからだよ。

地層は地球史のタイムカプセル

「断層ビジョン」

地層はどのようにしてできる？

渓谷や海岸などの切り立った崖で、岸壁がバームクーヘンの切り口のように、シマ模様になっているのを見たことがある人も多いだろう。これが「地層」だ。

山が雨風にさらされて削られると、石や砂になって川に流されたり、風に飛ばされて、低い土地や湖・海の底にたまる。ときには、火山が噴火して火山灰などの噴出物が降ってくることもある。こうした石や砂・泥・火山灰などが積み重なったものを堆積物という。それらが長い年月をかけて固まったものが堆積岩であり、地層はこうした堆積物や堆積岩からできている。

地表近くにある岩石は、マグマが地表や地下の浅いところで冷えて固まった火成岩、地下深くで高温・高圧の影響を受けてできた変成岩、そして堆積岩の3つに分けられる。地球の表層を覆う地殻のなかで、堆積岩は1割にも満たないが、堆積は地表付近の広い範囲で起きており、地球地表のおよそ4分の3が堆積物や堆積岩で覆われている。そして堆積物に含まれるのは、石や砂だけではない。生物の死がいや生活の跡もいっしょに埋まっている。それらが化石になることはすでに紹介したが、重要なのは、それらがどの地層に埋まっているかだ。

堆積物は下から上へ順に積もっていく。下の地層は、上の地層より昔にたまった堆積物でできていて、上になるほど新しい時代であることがわかる。つまり、地層の積み重なりは、時間の経過を記録しているんだ。

▼地層調査の様子。かつて海の底だった砂岩や泥岩の地層。

化石の種類で地層と時代を区分けする

地層が、「地球の歴史を解き明かすタイムカプセル」といわれるのは、時間の経過だけではなく、化石をはじめ、地層に含まれる情報を詳しく調べることによって、その時代の生き物や気候、さらにはそこが陸地だったのか、海の底だったのかなど、いろいろなことがわかるからだ。

とはいえ、まんがに出てくる「断層ビジョン」で地下の地層をのぞいても、すぐには地球の歴史は明らかにならない。地層は常にきちんと順番どおりに時代を記録しているわけではないからだ。地球の表層は、地球内部で生じる大きな力の働きで、少しずつ動いている（地殻変動）。地震が起きて地面が割れたり、地面が隆起して山ができたり、反対に陸地が海になってしまったり、いろいろなことが起きる。みんなも水平でなく、斜めになったり、ずれた地層を見たことがあるだろう。また、大規模な洪水や地滑りで、地層そのものが削られたり、乱されてしまうこともある。こうしてパズルのピースのようにバラバラになった世界中の地層をつなぎ合わせて、地球の歴史を明らかにしようとつくられたのが、「中生代」、「白亜紀」といった地質時代区分だ。この時代区分は、もともと各地の地層に含まれる化石の種類で時代を分けたのが始まりだった。

▲化石発掘調査の様子。どの地層から見つかったかも貴重な情報になる。

画像提供／冨田幸光

特別コラム ジオパークへ行こう！

ジオパークは、地球の成り立ちや構造などがわかる「大地の公園」。ユネスコの呼びかけで生まれ、貴重な地層や断層・地形・岩石などを保護したり、子どもたちの教育や観光・地域おこしへの活用を進めている。

現在、日本ジオパーク委員会が認定した国内のジオパークは、恐竜化石が数多く発見されている恐竜渓谷ふくい勝山、日本の地質学発祥の地として知られる秩父をはじめ43地域。そのうちの洞爺湖有珠山・糸魚川・山陰海岸・室戸・阿蘇など8地域が、世界ジオパークに認定されている。他にも10地域以上が国内認定をめざしている。

とめて!!
あそこになにかみえる!!

地層から見えてくる地球と生物の歴史

時代の名前はどうやって付けられた?

私たちが現在用いている地質時代の区分は、もともと地層から出る化石で分けていたことを、前ページで紹介した。つまり古生代は、三葉虫などの古い生物の化石が出る地層の時代、中生代は、アンモナイトや恐竜などのやや古い生物の化石が出る地層の時代、新生代は、ほ乳類のような新しい生物の化石が出る地層の時代という意味だ。こうした分け方は、化石帯区分とも呼ばれる。

写真提供／国立科学博物館

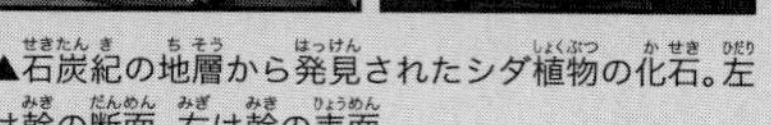

▲石炭紀の地層から発見されたシダ植物の化石。左は幹の断面、右は幹の表面。

「〜代」より細かい区分である「〜紀」の名前は、どのように名付けられたのだろう。古生代で最初の地質時代であるカンブリア紀は、この時代の地層がある英国ウェールズ地方で調査が行われ、この地域がかつてカンブリアと呼ばれていたことからその名が付いた。オルドビス紀はウェールズにいたオルドビス族に由来し、シルル紀はウェールズ一帯に暮らしていたシルリア人にちなんで名付けられた。デボン紀は、この時代の地層が英国デボン州に広く分布することから、石炭紀は、英国でこの時代の地層から石炭が取れたことから付けられた。ペルム紀は、ロシアでこの時代の地層が分布する地域にペルミア王国があったことから名付けられた。

中生代の三畳紀は、ドイツのこの時代の地層が砂岩・石灰岩など三層で構成されていたことによる。ジュラ紀は、地層が分布するフランスとスイスの国境、ジュラ山脈に由来する。白亜紀は、フランスのこの時代の地層が白い石灰質の堆積物だったことから、この名が付いた。

気になるのは、新生代の第三紀（現在は2つに分けて古第三紀・新第三紀と呼ばれる）と第四紀だ。第一紀と第二紀がないのはなぜか。実は19世紀ころの時代区分では、生物の化石が全く出てこない地質時代を第一紀、現在見られない生物の化石が出る時代を第二紀としていたのだが、さらに細かく分類されたため使われなくなった。その結果、現在の生物と似ている化石が地層から出る時代を示す第三紀と、人類が登場する第四紀だけがそのまま残ったというわけだ。

質のよい化石が出る場所はどこにある？

化石を含む可能性のある堆積岩の地層は、地球表層を広く覆っているが、生物の体は化学変化などで失われやすく、化石は簡単には見つからない。骨・歯など硬い組織しか出ないことも多い。

ところが、なかには驚くほど保存状態のよい化石が見つかる場所もある。皮膚や羽毛など、生物のやわらかい組織や細かい部分まで残ることもある。そのよい例が、カナダ・ロッキー山脈で発見されたバージェス頁岩（頁岩は薄く層状に割れる堆積岩）だ。ここには、一般には化石になりにくいカンブリア紀の軟体性の生物が、ほぼ完全な形を保って保存されている。当時、急斜面の海底で地滑りが起き、海底付近にいた生物を巻き込みながら、ほぼ無酸素状態の深海へ運ばれて堆積したため、分解されずに保存されたと考えられている。ドイツのメッセルでは、古第三紀始新世の小型ほ乳類や鳥類・昆虫など、さまざまな動植物の質のよい化石が数多く発見されている。当時、この地域には亜熱帯林に囲まれた湖があったらしい。その湖底には何らかの理由で大量の有機物がたまり、無酸素状態になっていて、生物の死がいが分解されないまま保存されたといわれている。

日本は、新第三紀の初めころまでユーラシア大陸の一部で、海底だった時期も長いため海の生物の化石が多く出る。恐竜やほ乳類の化石も見つかっている。

写真提供／国立科学博物館

▲日本で発見されたナウマンゾウの下あご第三大臼歯の化石。

▼秩父で約1500万年前の地層から発見された海獣パレオパラドキシアの化石。

画像提供／埼玉県立自然の博物館

ダイナミックに変動する地球表層

地かくを拡大すると、ぼくらの海と陸がみえてきた。

地球上を移動し続ける大陸

地球の表面は、プレート（地殻と上部マントル）と呼ばれる厚さ100kmほどの岩盤で覆われている。プレートは何枚にも分かれていて、中央海嶺と呼ばれる場所では、高温のマントルが上昇して活発な噴火が起き、新しいプレートが生まれ、プレート同士がぶつかる場所では、一方のプレートがマントルのなかに沈み込んでいく。こうしてそれぞれのプレートは、押し合いへし合いしながらゆっくりと移動している。移動する速度は1年間でわずか数cmほどだが、数千万年という長い年月をかければ何百kmも移動することになる。

陸地もプレートとともに移動しているため、ぶつかったり、分裂したりを繰り返してきた。新原生代のロディニア大陸、ペルム紀のパンゲア大陸のように、地球上の大陸が1つに集まって超大陸が形成されたこともあった。こうした陸地の変動は、生物の進化や絶滅にも大きく影響している。

移動する大陸

シルル紀

◀バラバラだった陸地が少しずつ南半球に集まり、ゴンドワナ大陸が形成された。陸上に植物が進出し始めた。

ペルム紀

◀全ての陸地がほぼ1つに集まって、超大陸パンゲアが出現。陸上にはさまざまな動植物が進出した。

ジュラ紀

◀超大陸パンゲアが南北に分裂して細かく分かれ、現在も存在する大陸が、次第に姿を見せ始めた。

古第三紀

◀アフリカとその東にあるインドは、やがてユーラシア大陸に衝突。南北のアメリカ大陸も陸続きになった。

イラスト／加藤貴夫

地層の年代はどうやって調べるのか？

地層から見つかる特徴的な化石で時代を分けた地質時代区分では、他の時代の地層と比べてどちらが古いかはわかるが、各時代の長さや地層ができた正しい年代まではわからない。こうした比較によって推定された年代は、相対年代と呼ばれる。示準化石以外にも、地層の相対年代を知るための手がかりになるものがある。地層に含まれる磁気をおびる鉱物に記録された古地磁気だ。地磁気はこれまで何度も逆転したことがわかっているため、比較できるのだ。

▲示準化石などからわかる年代は相対年代で、数値的に正確な年代まではわからない。

イラスト／佐藤諭

しかし、それだけでは地球の歴史を正しく理解することはできない。年代を正確に数値で表すにはどうしたらよいのか。そのための方法として考え出されたのが、放射性元素による年代測定だ。ウランなどの放射性元素は、放射線を出しながら少しずつ別の元素に変化していく。たとえばウラン238（ウランのなかで質量数が異なる同位体の1つ）は、約45億年で半分が鉛に変わる。さらに45億年たつと残りの半分（元の4分の1）が鉛に変わる。この規則性を利用して、鉱物に含まれるウランと鉛の量を正確に測定すれば、その鉱物ができてから何年たったかがわかる（ウラン・鉛年代測定法）。こうした放射性元素を利用して求められる年代は、放射年代と呼ばれる。

特別コラム

注目される「千葉時代」

日本の研究グループが、千葉県市原市・養老川の川岸にある最後の地磁気逆転を記録する地層境界を、ウラン・鉛年代測定によって詳しく分析した結果、それが約77万年前に起きたことが明らかになった。

地質時代の第四紀更新世の前期と中期の境界を決める上で貴重な成果であるとともに、国際地質科学連合が重要な地質境界として世界で1か所だけ選ぶ国際標準模式地にここが選ばれれば、更新世の一時期が「チバニアン（千葉時代）」と名付けられる見込みだ。地質時代名に、初めて日本の地名が採用されるかもしれないと注目されている。

お星さま

いままでに何べん同じことをいったかしれないが……。
やはりいわねばならぬ。

よくまっ昼間からグウグウねられるね。

ねむいんだもの。
はやく夜にならないかな。

しあわせの

昼間が長すぎるんだよ。
地球がゆっくりまわってるんだもの。

表で元気よく遊ぼう。

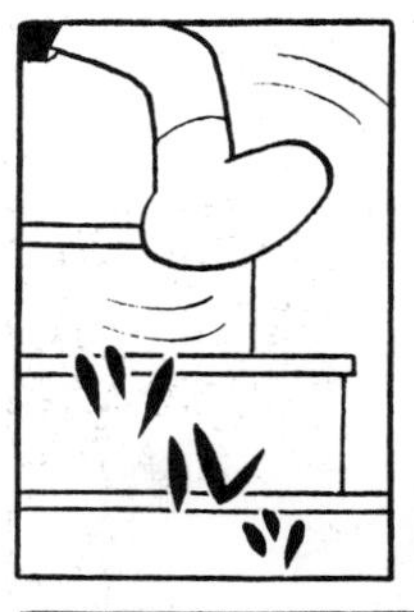

ゴロゴロゴロ

ほんとにそそっかしいんだから。
地球に引力があるから悪いんだ。

生命進化と化石の不思議Q&A

Q 先カンブリア時代に生きていた生物のグループはすべて絶滅してしまった。本当？　ウソ？

地球の冬はなんてさむいんだ。

地球なんかに生まれてそんした。
そうだ、もっとすみよい星へ行こう。

夢の中でしあわせのお星さまをさがそう。
うまいこといってまたねる！

じゃ、ほんとに行くか。
え!?

どこにそんな星があるの!?
これからつくるんだ。
好みに合わせて。

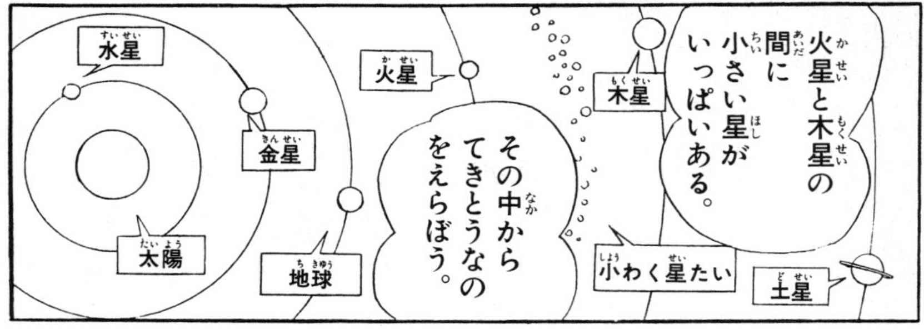

火星と木星の間に小さい星がいっぱいある。
その中からてきとうなのをえらぼう。
水星
火星
木星
金星
太陽
地球
小わく星たい
土星

なにしろ宇宙へ行くんだからな。

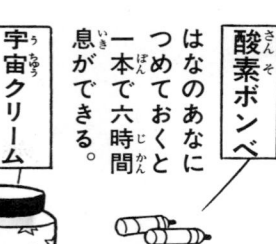

酸素ボンベ
はなのあなにつめておくと一本で六時間息ができる。

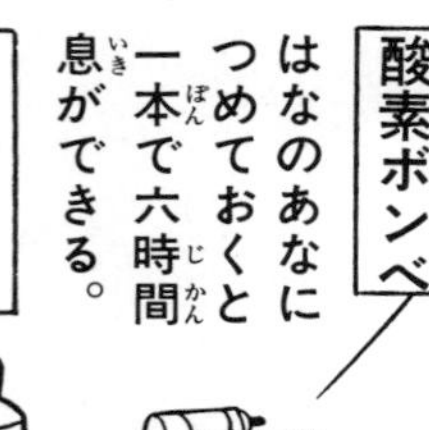

宇宙クリーム
体にぬっておくと宇宙服のやくめをする。

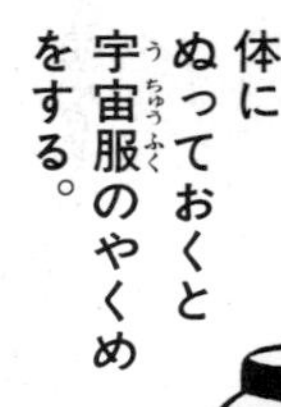

A ウソ　シアノバクテリアは今も生息している。

ペタ
ペタ
ぼくはロボットだからぬらなくていい。

行こう。
どんな星か楽しみだ。

ゴ
ワッ。

こっちが真空だから、へやの空気がながれだしたんだ。

引力が小さいから、ちょっとしたはずみでとびだしちゃう。
やっかいな星だな。

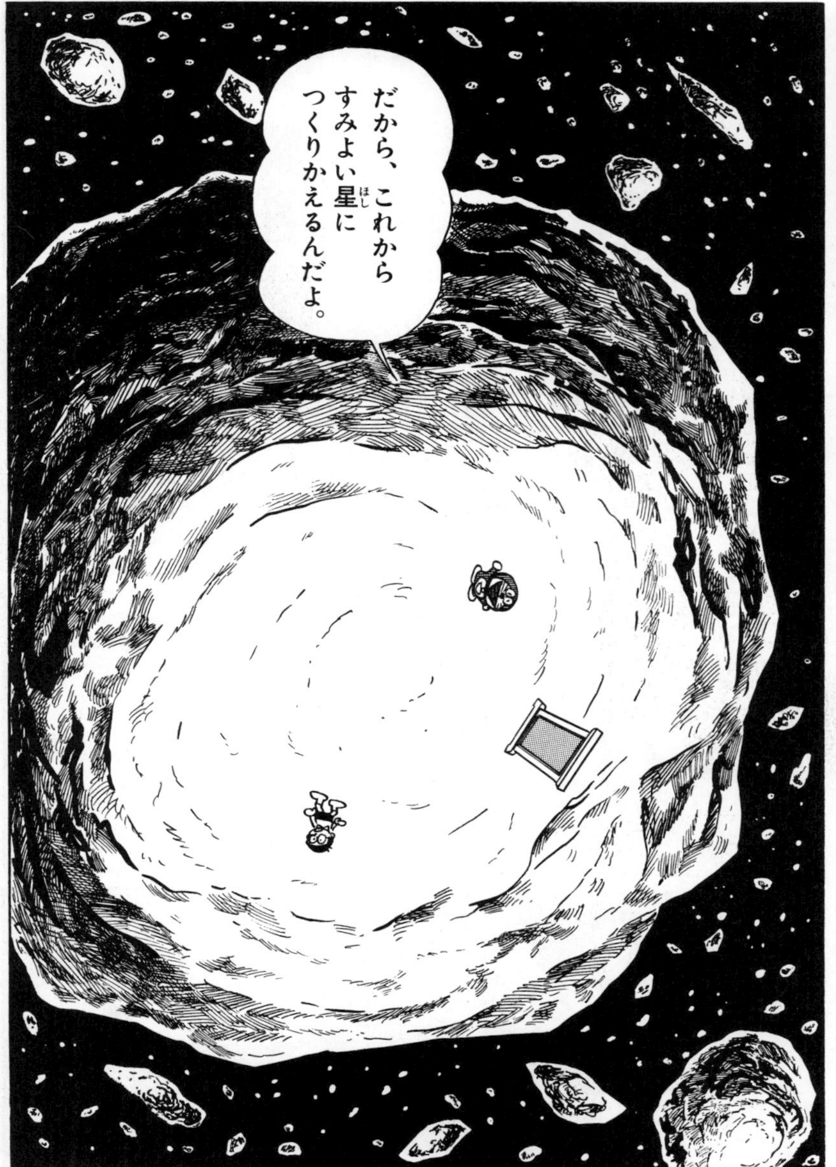
だから、これから
すみよい星に
つくりかえるんだよ。

生命進化と化石の不思議Q&A

Q すべての生き物は、酸素を必要としている。本当？ ウソ？

どうも…、ひえびえとしていんきくさい。
だから改造するんだよ。
どこから手をつける?

緑がほしい。
植物が育つには水と空気と日光が必要だ。

水はうちからもってけばいいや。

ジャー

海と陸ができた。
今、空気をだしてるところだよ。

この空気は引力のよわい星の上でもちゃんとたまるんだよ。

あ……、
明るくなってきた。

空気が光を反射するから。

A ウソ　酸素なしで生きる「嫌気性」の生き物もいる。

Q 地球上の海と大気。大量に酸素が含まれるようになったのは、どちらが先?

タネまきしよう。

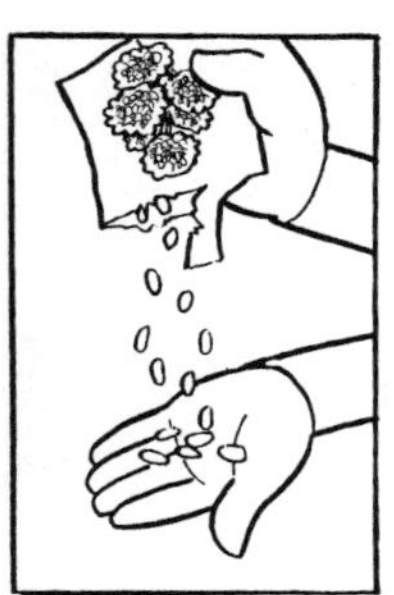

引力が小さいから、
海もひとっとび。

ここから先は夜なんだね。

もうひとまわりしちゃえ。
あれ、ドラえもんは?

ゴゴゴゴ
!?

A 海　海中のシアノバクテリアによって酸素がつくられ、しだいに大気中に大量の酸素が供給された。

ドーン
あ、火山だ。

星の中へ火をつけてきた。

そういえば、だんだんあたたかくなってきた。

海面から水蒸気がのぼって……。

雲ができたよ。

雨雲！

Q 27億年前、海中で酸素が増えて鉄イオンと結びついたとき何色の酸化鉄ができた？

①赤　②青　③緑

あっ。

ころんでもいたくない。
引力が小さいから。

いつもころんでるぼくには、実にすみよい星だなあ。

ふった雨がながれて……、

小さなながれが集まって、川になり……、

海にそそぐんだよ。
地球とおんなじだ。

あちこち緑色の芽が……。

木や草が生えてきたんだ!!

ばかに小さい木だね。

特撮映画のミニチュアセットに使う木なんだよ。

A

①赤　赤い酸化鉄になり、27億年経った現在、鉄鉱石として利用されている。

美しい星になった。
こうなると動物もほしいね。
さっき海の水に「動物の素スープ」をとかしたよ。
「顕微望遠鏡」でのぞいてみな。
あ、もう生まれてる。

生命進化と化石の不思議Q&A

Q 今地球上にいる生物は、すべて真核生物。本当? ウソ?

サカナまでも!
インスタントだから進化がはやいんだ。

あれっ!暗くなってきたよ。
この星は、二時間でひとまわりするから、すぐ夜になるんだ。

帰って晩ごはん食べてねよう。
あしたどうなってるか、楽しみだね。

まだ明るい!!

四時だもの。
いいお天気だから外で遊んでらっしゃい。

地球はじれったい星だなあ。

ただいま。
きのうのつづきを見よう。

ドラえもんはるすか。
いいよ、ひとりで行くから。

ひゃあ、町ができてる。

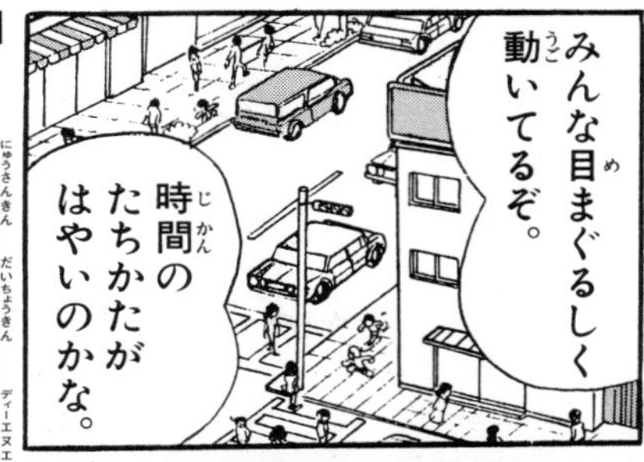
みんな目まぐるしく動いてるぞ。
時間のたちかたがはやいのかな。

ぼくにそっくりの子がいるよ。

はやく夜にならないかなあ。

グウ。

A ウソ　乳酸菌や大腸菌は、DNAが膜に包まれていない原核生物だ。

生命は、海の中で誕生した！

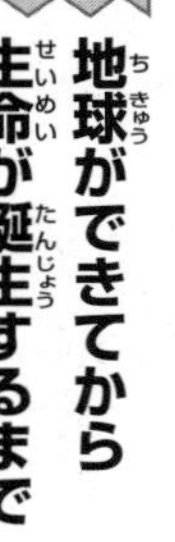
海面から水蒸気がのぼって……。

地球ができてから生命が誕生するまで

地球ができたのは、およそ46億年前。当時は周辺にたくさんの微惑星（直径10㎞程度の小天体）があり、それらが地球に衝突することで高温状態になっていた。地球の表面は、ほぼマグマである。

その後、地表の温度は下がったが、今度はなんと1000年間も雨が降り続けることに。これにより海ができ、それから生命が誕生した。68ページからのまんがでも、まず海をつくっていたよね。海は生命の源なんだ。

最初の生命が誕生したのは、およそ38億年前であると考えられている。その有力な候補地は、海底にある熱水噴出孔（チムニー）と呼ばれるところ。そこでは200℃から350℃に熱せられた水が噴き出しており、メタンや硫化水素、そして鉄・マンガン・亜鉛などの金属イオンが豊富に存在している。現在も熱水噴出孔の周辺には、たくさんの生物が暮らしているんだ。

それでは、現在見つかっている最古の化石はいつのものだろう？　西オーストラリアでは35億年前の化石が発見され、1993年に論文が発表された。また、化石ではないが、グリーンランドでは38億年前の地層から生命の痕跡が見つかっている。今後さらに研究が進めば、もっと昔の生き物の証拠が発見されるかもしれないぞ。

ところで、生命体にはタンパク質などの有機化合物が必要だが、これは一体どこからやってきたのだろうか。いろいろな説があるが、そのひとつは、宇宙にあるチリに宇宙線などが当たって有機物ができ、それが地球に落下してきたという「宇宙起源説」。

生命体そのものではないが、体をつくるために必要な物質の一部は、もしかしたら宇宙からやってきたのかもしれないんだ。

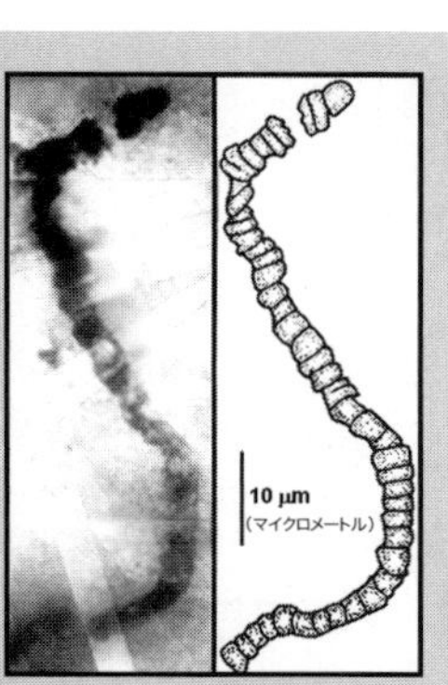
10 μm
（マイクロメートル）

◀西オーストラリアで発見された世界最古の化石。生物化石ではないという反論もある。

画像提供／J. William Schopf

生命が誕生した後に酸素ができた!?

生きるためには酸素が必要、だから生物が誕生する前から地球には酸素ガスがあったはず……そう考える人もいるかもしれない。しかし実際には酸素を必要としない生き物はたくさんいて、これを嫌気性生物という。そして生命が誕生した当初は、嫌気性生物ばかりが生息していたんだ。

酸素がつくられたのは、およそ24億年前。光合成によって酸素をつくり出すシアノバクテリアが大増殖した結果、海中にも大気中にも豊富に酸素が供給された。シアノバクテリアは海中の泥をつかんで層を積み重ねていき、ストロマトライトをつくるのも大きな特徴だ。オーストラリアのシャーク湾に行けば、今も生きているシアノバクテリアを見ることができるぞ。

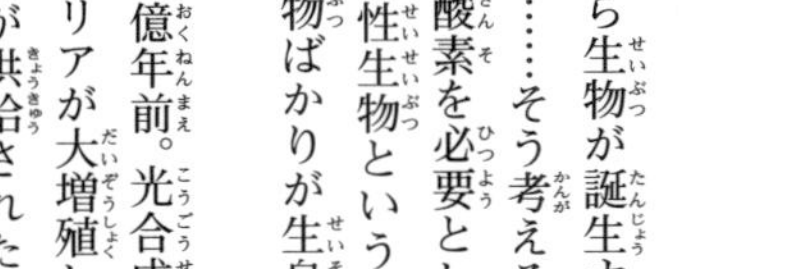

画像提供／Paul Harrison

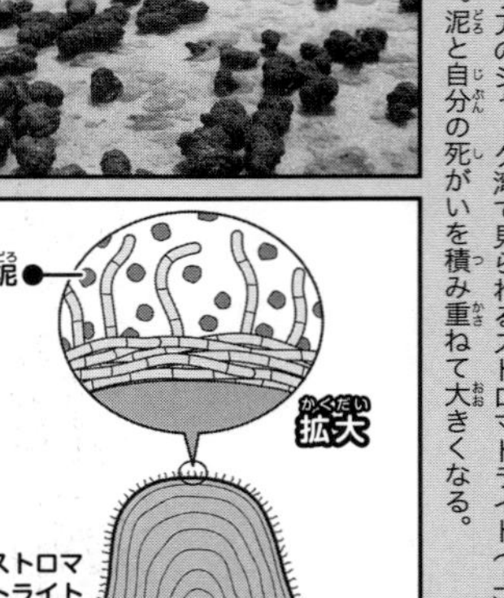
泥
拡大
ストロマトライト

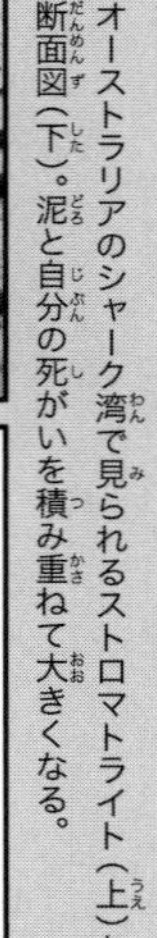

◀オーストラリアのシャーク湾で見られるストロマトライト（上）と、その断面図（下）。泥と自分の死がいを積み重ねて大きくなる。

イラスト／加藤貴夫

シアノバクテリアが大増殖したころ、水中に放出された酸素は、鉄イオンと結びついて赤い酸化鉄になった。これが「鉄鉱石」と呼ばれるもので、現在、私たちはこの鉄鉱石から鉄を取り出している。

一方、大気中に放出された酸素は、オゾン層を形成した。酸素原子が3つ結びついたものが、オゾン分子なんだ。これによって宇宙から降り注ぐ有害な紫外線は地表に届かなくなり、生物はさらに進化していった。

さらに、酸素ができたことで、複数の細胞をもつ生命体「多細胞生物」が誕生。細胞と細胞を結びつけるためにはコラーゲンが必要で、コラーゲンをつくるためには大量の酸素が必要なんだ。

酸素は、生物の進化に多くの影響を与えてきたんだね。

▼最古の多細胞生物「グリパニア」の化石。アメリカで発見。

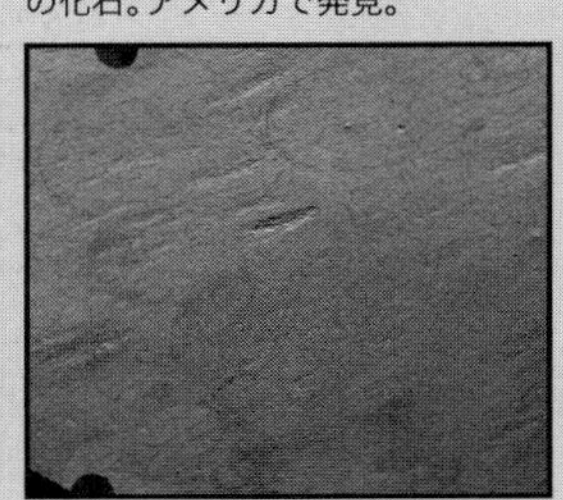

画像提供／国立科学博物館

あ、もう生まれてる。

生物が大きくなり、種類も増えたきっかけとは？

オーストラリアで見つかった さまざまな生物の化石

先カンブリア時代はおよそ40億年という長い期間をさす言葉だが、その中でも最後の9000万年間は特に「エディアカラ紀」と呼ばれている。この時期、生物が爆発的に増え、その化石がオーストラリアのエディアカラという丘で発見されたからだ。ただし、その後はアフリカやロシア、アメリカ、カナダなどでも、同様の化石が発見されている。

その数はおよそ270種類以上。大きさも、それまでの生物は顕微鏡を使わないと見えないくらいのサイズであったが、エディアカラ紀には数cmから数十cm、中には1mを超える大きさの生物が誕生した。

では、なぜそんなことが起きたのだろうか。実はエディアカラ紀の直前の地球は「スノーボールアース」と呼ばれる全土が凍結している状態にあった。その後、地球内部の火山活動や二酸化炭素濃度の上昇などによって暖かくなり、シアノバクテリアが大量に発生。これによって、前のページで説明したように酸素がつくられるようになり、多細胞生物が増えたことで、体が大きい生物が出現してきたというわけだ。

他にこの時代の生物の特徴といえば、目をもっていないことが挙げられる。また、エディアカラ紀の後半にはかたい殻をもつ生物がいたことが化石によって明

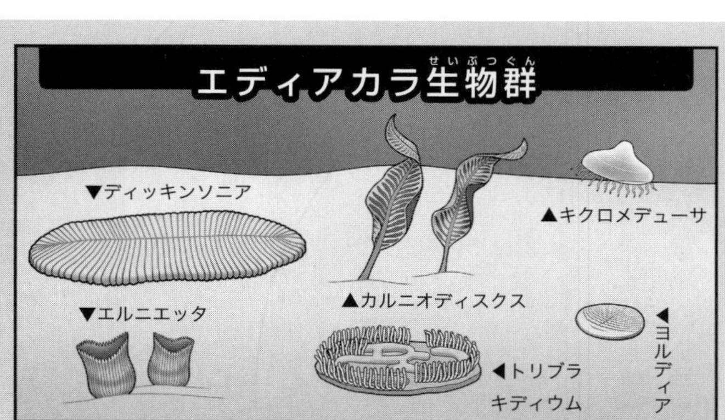
エディアカラ生物群
▼ディッキンソニア
▲キクロメデューサ
▲カルニオディスクス
▼エルニエッタ
◀ヨルディア
◀トリブラキディウム

イラスト／加藤貴夫

らかになっている。そこには小さな穴が開いていることがあるため、肉食動物に攻撃されて中身だけを食べられたのではないかと考えられているんだ。

一方、エディアカラ生物群については、わかっていないことも多い。体の内部構造はほとんど解明されていないし、消化管の痕跡すら見つかっていない。平べったい形をしているものが多いため、からだの表面から栄養を摂取していたと考えることもできるが、それも不明だ。そもそも現代の動植物のどの種に近いのかも明らかになっていないし、「エディアカラ生物群は実は陸にすんでいたのではないか？」という論文が出たこともある（2012年、ネイチャー）。

エディアカラ紀に限らず、地球が誕生してから5億4100万年前までの先カンブリア時代については、まだよくわかっていないことが多いんだ。

だったら自分が研究者になって、生命の誕生や初期の進化について明らかにしてみせる！　そんな夢をもつのも悪くないのかもしれないね。

画像提供（３点とも）／国立科学博物館

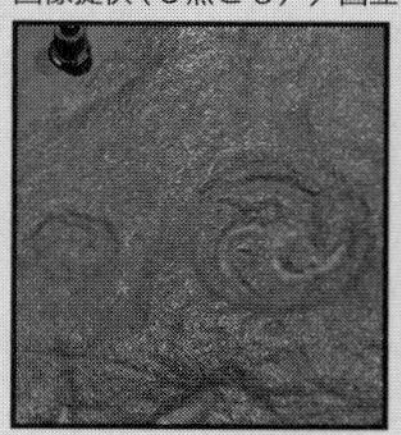

▲らせん状に３本の溝をもつ形が特徴的。３方向に対称性をもつ体は、現存する生物からは確認されていない。

▲薄いマット状の形をした生物。口や消化管が見当たらないため、どのように栄養をとっていたのかわからない。

▲植物のような外見をしているが、実は動物。球根のようなものをもち、砂地の海底に体を固定していた。

特別コラム

DNAとタンパク質どっちが先？

生命体はタンパク質でできており、タンパク質をつくるためにはDNAの遺伝子データが必要だ。しかしそのDNAもタンパク質でつくられている。

DNAがないとタンパク質はつくられないし、タンパク質がないとDNAはできない。これは生物学最大の謎ともいわれており、どちらが先にあったのかは今もまだ明らかでない。

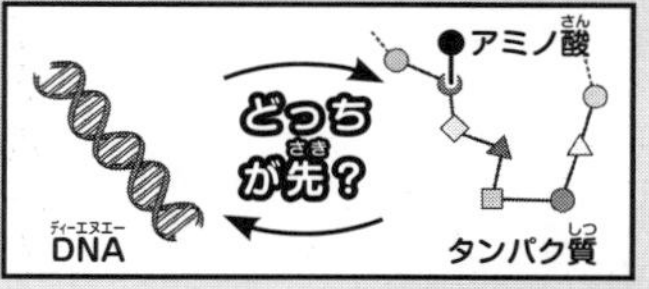
アミノ酸
どっちが先？
DNA
タンパク質

イラスト／加藤貴夫

サカナまでも！
インスタントだから進化がはやいんだ。

どんどん複雑になる生命体

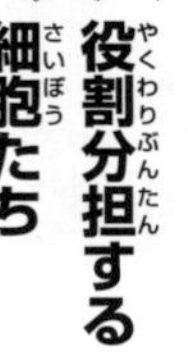

役割分担する細胞たち

最初の生命体は細胞ひとつのみでつくられている「単細胞生物」であり、細胞内のDNAが膜に包まれていない「原核生物」であった。しかしDNAは、タンパク質をつくるための情報が書き込まれている重要なもの。そのためまずは、DNAを守るための核膜ができた。これを「真核生物」という。

ここでさらに驚くことが。真核生物の細胞内に、他の原核生物が入り込んだのだ。これが細胞内でエネルギーをつくり出し、独自のDNAをもつ器官として知られているミトコンドリアの正体なんだ。

真核生物はさらに、タンパク質の輸送やカルシウムの蓄積をコントロールする小胞体、アミノ酸を結合させるリボソーム、タンパク質に糖や脂質を付加するゴルジ体などももつようになり、やがて細胞同士がくっつくようになった。「多細胞生物」の誕生だ。

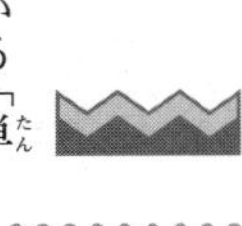

多細胞生物は、細胞ごとに役割分担しているのが大きな特徴で、例えばヒトはおよそ60兆個の細胞からできており、その種類としては神経細胞や骨細胞、血液細胞、筋細胞などがある。

多細胞生物はそれぞれの細胞が専門化されることで複雑な機能を獲得することができ、生存に有利になる。私たちがもつ便利な体のつくりは、長い年月をかけて進化してきた結果なんだ。

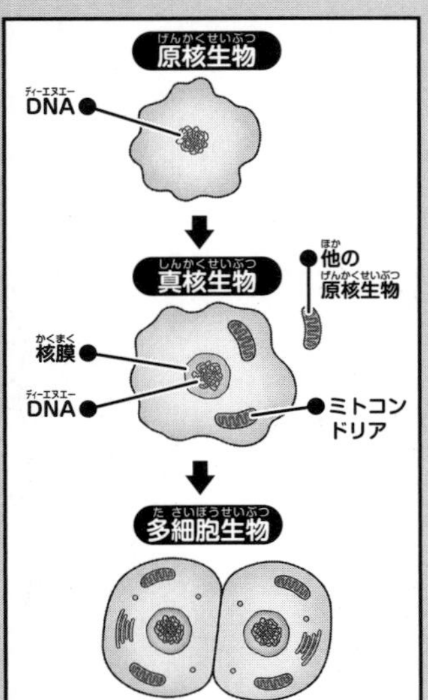
原核生物
DNA
真核生物
他の原核生物
核膜
DNA
ミトコンドリア
多細胞生物

◀細胞が進化していくようす。現存する生き物の中にも、原核生物（乳酸菌など）や単細胞生物（ゾウリムシなど）はいる。

イラスト／加藤貴夫

そうなる貝(かい)セット

Q アノマロカリスは、カンブリア紀にのみ生息していた。本当？ ウソ？

きょうは、むずかしい宿題がどっさり。
まいっちゃった。

二人で力をあわせてやろうよ。

よせよせ。
どうせのび太なんかひとつもできないんだから。

やる気なくした。

きょうこそ宿題やろうと思ったのに。
どうせぼくなんか。

なんだかあたたかいね。ストーブも入ってないのに。
気がついた。

背中に「アタタ貝」をつけてるの。

A ウソ　オルドビス紀の地層からも化石が発見されている。

「そうなる貝セット」

いろんな名まえがついてるね。
からだにつけると、その名のとおりになる。

「やり貝」をつけよう。

やる気がでた。

宿題がどんどんできていく。
答えが正しいかどうかはべつとして。

おわった。

もしもし、しずちゃん。
宿題おわった。

まだまだ。
もういやになっちゃった。

えっ、のび太さんぜんぶできたの。

Q ヨーロッパの地層からは、フデイシャや三葉虫の化石が見つかっている。本当？　ウソ？

しずちゃんに、かしてあげよう。

やあ、宿題おわったかい。
おわるわけないじゃん。

これからスネ夫に手つだわせようとおもって。

なにっ、ぜんぶおわったって。

やり貝つければスラスラスイ。

かせ。
あっ、それはしずちゃんに…。

おーい、スネ夫。
いいものもってきたぞ。

またそんないじわるを。
よし、こらしめてやる。

とり貝っこしよう。
？

A 本当　そのため、ヨーロッパは水没していたという説がある。

なんだい、とり貝っこって。
つけてる貝をとりかえっこするの。
やる気があれば、こんな宿題なんか。
ジャイアンの声だ。
「かたづけラッカー」
かたづけ
見えなくなる。
プシュ
見ろ、すらすらできちゃうぞ。
すごおい。ジャイアン、どうしてそんなにできるの。
もちろんおれが、天才だからよ、ガハハハ。
「マチ貝」ととり貝っこ。
ピタ
ポロ

Q カンブリア紀の生物には、化石から上下と前後が逆に復元されたものがいた。本当？　ウソ？

ちょ、ちょっとまって。
なんだい、せっかくちょうしがでてるのに。

わるいけど、まちがいだらけ。
なんだと。

スネ夫に「オタ貝」をつける。
ポイ

おまえのだって、まちがいだらけだ。
おたがいさまだ。

キャッチボールでもして、頭をひやそうか。
むう。

ジャイアンのを「ヤッ貝」ととり貝っこ。
ポイ

ワー、ぼうとう。
しまった。

ガチャン
やっかいなことになった。にげろ。
だれだっ。
ジャイアンに「ジコショー貝」。
おれ、剛田武といいます。
そうか。先生に話して注意してもらおう。
おかげでむねがスッとした。
これ、しずちゃんにわたしてくるね。
もし、またいじめられたら、これをくっつけな。
どうもありがとう。
背中にへんな貝がついてた。
さてはのび太が。

A 本当　ハルキゲニアという生物で、これが理由で生態が長い間謎のままになっていた。

よくもやりやがったな。

ポイ
ポイ

おまえなんかにまけるかっ。
なにを、ぼくだって。

むちゅうで走りつづけてるけど、
あの貝なんていうの。
「ウンドー貝」。

「小学二年生」1986年１月号掲載

「そうなる貝セット」

動物が爆発的に進化・多様化した！

目をもったことで食う・食われるの大競争に

今からおよそ5億年前、生き物は爆発的に進化し、多様化も進んだ。これをカンブリア爆発という。特に現在生息している無脊椎動物（背骨をもたない動物）の祖先のほとんどは、この時代に誕生している。

その中でも特に繁栄したのは、体が硬い殻に覆われている節足動物で、化石からは鉱物となった骨格が確認されている。また、まんがの題材に使われている貝も、この時代に現れた。

カンブリア紀の動物の大きな特徴は、目をもつ種が現れたということ。オパビニアはなんと目を5つももっていた。

目ができたことでエサを見つけやすくなった一方で、食べられてしまう側は、敵から逃げるために目が役に立つ。こうして「食う・食われる」の競争が激化しその結果、脚やひれといった運動器官が発達していった。また、目の進化と同時に、生き物はさまざまな色をもつようになったんだ。

ふだん何気なく使っている目だが、実は生物の進化にも大きな影響を与えていたんだね。カンブリア爆発は、目をもつようになったことがきっかけで起きたという説もあるんだよ（光スイッチ説）。

イラスト／加藤貴夫

オパビニア

▲目を5つももち、その先にある突起部分でエサを捕まえていた。

特別コラム　発見は意外なところから？

チャールズ・ウォルコット博士は、バージェス頁岩から多くのカンブリア紀の化石を発見した。そのきっかけは、奥さんの乗っている馬がつまずいた石を調べたこと。

新しい発見は身近なところにあるんだね。

イラスト／佐藤諭

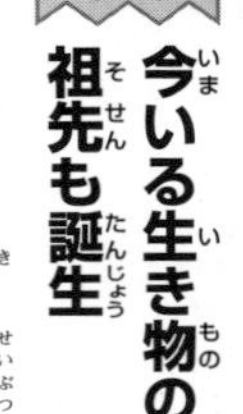
ジャイアンのを「ヤッ貝」ととり見っこ。
ポイ

モンスターとも呼ばれている、不思議な形の生き物たち

今いる生き物の祖先も誕生

カンブリア紀の生物は変わった形をしているものが多く、カンブリアモンスターと呼ばれることもある。その代表といえば、アノマロカリスだろう。このころの生態系の頂点におり、大きな目ととげがついた触手で他の動物を捕まえて食べていた。大きさは数十cm程度だが、中には1mを超えるものもいた。

ハルキゲニアはその外見が特徴的だ。体長は1〜3cm程度で、細長い体からは複数の細い脚ととげのようなものが出ている。丸い部分が頭に見えるが、実はこちらが後ろ側。逆の先端部分から、目と歯が見つかったことで明らかになったんだ。

魚類・両生類・は虫類・鳥類・ほ乳類は背骨（脊椎）をもっているが、受精卵から体がつくられていく段階では、まず「脊索」と呼ばれる柔らかい組織ができる。この脊索が見つかったのがピカイアで、大きさはおよそ数cmだ。

そして最古の魚類かつ最古の脊椎動物として知られているのがミロクンミンギア。こちらも体長は2〜3cm程度だが、頭部には軟骨があり、目もえらも発見されている。また、化石から消化管や生殖巣も発見されているぞ。ただし、あごがないため、海底の泥に含まれる有機物を吸い込んでいたのではないかと考えられているんだ。

イラスト（4点とも）／加藤貴夫

ミロクンミンギア　ピカイア　ハルキゲニア　アノマロカリス

画像提供（左から）／Degan Shu, Northwest University, Xi'an, China／Ghedoghedo／James L.／国立科学博物館

化石の王様「三葉虫」ってどんな生き物？

1万数千にもおよぶ種類の化石が見つかっており、「化石の王様」とも呼ばれている生き物がいる。それが三葉虫だ。背中を見たときに縦に分けられる部分を「葉」と呼んでおり、それが3つあるため三葉虫という名前がつけられた。

三葉虫はカンブリア紀に出現し、ペルム紀までの約3億年間生き延びた節足動物。エビやカニのようなかたい殻をもっており、体長は2〜10㎝くらい。その他、ダンゴムシのように体を丸めて身を守っていたこと、呼吸をしたり泳いだりするためのえらをもつことなどがわかっている。

時代によって形が違うのも三葉虫の特徴で、カンブリア紀は平べったい構造をしていたが、その後、次第に立体的な体をもつようになっていった。これは、オルドビス紀には礁（海の浅いところにある岩やサンゴが水面に顔を出した地形）が発達し、三葉虫が生活する場所が広がったからではないかと考えられている。

また、オルドビス紀になると流線型に近い形状に変化し、頭部の両側に帯状の目をもつ種類が出てきた。これらは、自由に水中を泳ぐための進化ではないかと考えられているんだ。

目をもつ三葉虫はすべて、昆虫のような複眼だが、中には目をもたない種類も存在した。また、かたつむりのように、体から飛び出た目をもつものもいたんだ。

画像提供（上から）／Ghedoghedo／国立科学博物館

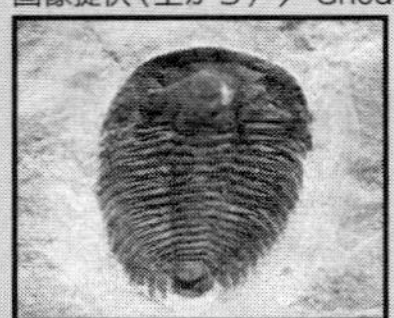

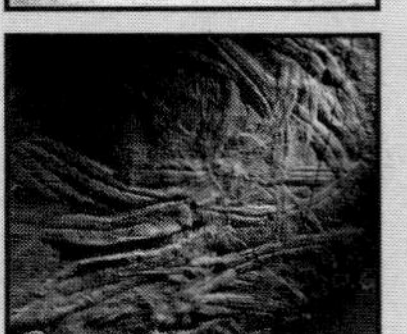

▲上は三葉虫の全身の化石、下は三葉虫が歩いたときの引っかき跡の化石。

ペルム紀
石炭紀
デボン紀
シルル紀
オルドビス紀
カンブリア紀

オレネルス目
レドリキア目
コリネクソカス目
イレヌス目
ファコプス目
オドントプレウラ目
リカス目
プティコパリア目
アグノストゥス目

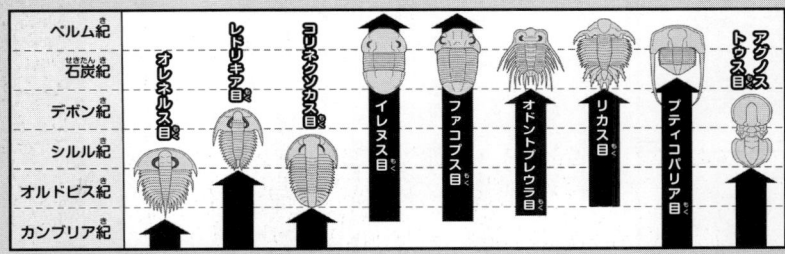

▲時代ごとに、どのような種類の三葉虫が生息していたかを表した図。特にオルドビス紀に繁栄し、デボン紀の終わりには多くの種類が絶滅した。

イラスト／加藤貴夫

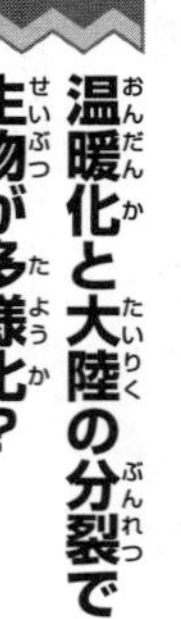
ピタ
ポロ

さらに進んだ多様化と、突然の大量絶滅

温暖化と大陸の分裂で生物が多様化?

オルドビス紀は、三葉虫以外にも多くの生物の多様化が急速に進んだ。これは「オルドビス紀の大放散事変」と呼ばれている。

では、なぜそのようなことが起きたのだろうか。はっきりとした要因はわかっていないが、その可能性のひとつは、前のページでも説明した「礁」だろう。それまでは微生物が堆積して礁がつくられていたが、オルドビス紀になると大きな生物の殻や骨によって、より立体的な礁がつくられるようになった。これによって生物のすみかが増えたというわけだ。

大陸が分裂したことで地理的な状況が多様化したことも、生物の進化につながっているかもしれない。

さらには海中の窒素化合物が増え、植物プランクトンが繁殖したため、これを食べる動物が繁栄しやすい環境であったという説もあるんだ。

イカやタコのなかまが海を支配していた!?

それでは、オルドビス紀に繁栄した生物をいくつか紹介しよう。この時代、海を支配していたのは頭足類。これは軟体動物の一種で、イカやタコのなかまだ。

その中でも代表的なのはオウムガイで、現在見られる種類は巻き貝に似ているが、中身のつくりは異なっている。巻き貝は中まで身が詰まっているが、オウムガイは殻の中が小部屋に仕切られて空洞になっているのだ。その小部屋の空気量で、浮力を調整したと考えられている。

続いてウミユリ。これは植物に見えるがウニやヒトデと同じ棘皮動物のなかま。花びらのような部分は触手で、海中の有機物やプランクトンを捕まえて口に運んでいた。なお、ウ

▼オウムガイの化石(上)と断面図(下)。小さな部屋に区切られている。

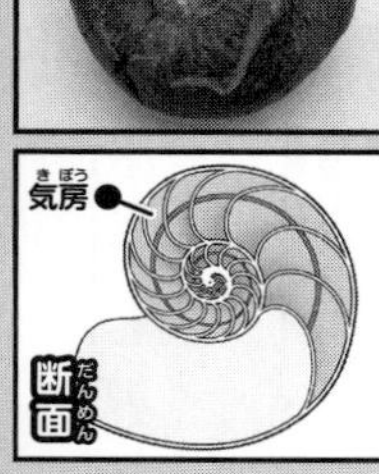
気房
断面

画像提供／Biswarup Ganguly　イラスト／加藤貴夫

イラスト／加藤貴夫

サカバンバスピス
甲ら

▲サカバンバスピス。だ円形の甲ら2枚をもつ。

画像提供／国立科学博物館

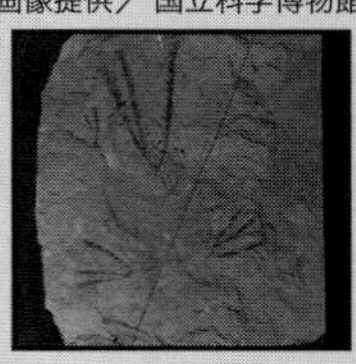

▲フデイシの一種テトラグラプタスの化石。

画像提供／OpenCage

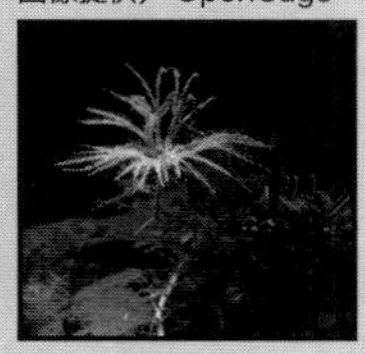

▲今も生きているウミユリの一種トリノアシ。

ミユリは今も生息しており、その一種「トリノアシ」は、日本周辺の海でも見られる。

フデイシも同じく植物のような外見をした動物で、化石の形が筆に似ているため、このような名前がついたんだ。骨格の中には個虫と呼ばれる小さな生き物がすみつき、共同生活をしていた。また、フデイシの骨格の形はさまざまで、海底に固定した状態のフデイシもいたし、水中に浮く種類もいたと考えられている。

魚類の一種で、体の前半分が、だ円形の甲ら2枚で覆われていたのはサカバンバスピス。他にも、オルドビス紀の中ごろには、うろこや外骨格で体が覆われた魚が現れるようになった。ただし、サカバンバスピスは背びれや胸びれがないため、うまく泳ぐことはできなかったのではないかと考えられる。

同じ魚類では、コノドントも特徴的だ。歯の化石が世界の各地で発見されたが、肝心の本体の化石が見つからなかったため、その正体について長年議論が続いていた。今は体の化石も発見されており、体長4㎝程度で、かたい骨格はもたない原始的な魚の一種であることがわかっている。

これらはほんの一部で、他にも多くの生物がこの時代に栄えた。しかしオルドビス紀末期には、氷河期と温暖化という急激な気候変動が続き、生き物は大量絶滅してしまった。前ページの上段で説明した通り、地球環境の変化によって生き物が繁栄することもあるが、逆に絶滅を招いてしまうこともあるということだ。

特別コラム

棘皮動物は五角形？

棘皮動物は５つの方向に対称（五放射相称）なのが特徴だ。ヒトデはもちろん、ウニもとげを取ると５方向に対称になっているのがわかる。そしてウミユリの触手の根元も、断面を見てみると、実は五角形になっているんだ。

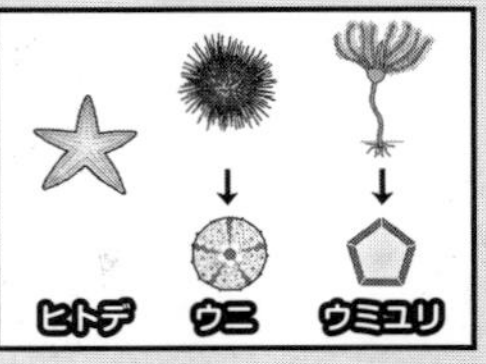
ヒトデ
ウニ
ウミユリ

イラスト／加藤貴夫

海坊主がつれた！

ほう……、大物とどのくらいの……。
四十六センチのイシダイ!?ほんとかね。
魚拓をみせにくる?
いいよ、そんなもんわざわざ。
なに?やきもちやいてる!?ばかいえ!!
みてやるよ!
すぐもってこい!!
ガチャ
あいつのつりじまんはしつっこいんだ。
しまいにゃイライラしてくる。

Q シーラカンスの学名はラティメリア。この学名の由来は? ①見つかった時代 ②発見者の名前 ③発見場所

パパの気もちわかる。

ぼくも、スネ夫があんまりじまんするとけとばしたくなるもんね。

なんとかならない?

四十六センチの魚拓をみせにくるなら、それ以上のをみせてやればいいわけだが。

パパはそんなのつったことないんだよ。

大きな魚をだしてくれるの。
ばかいえ。

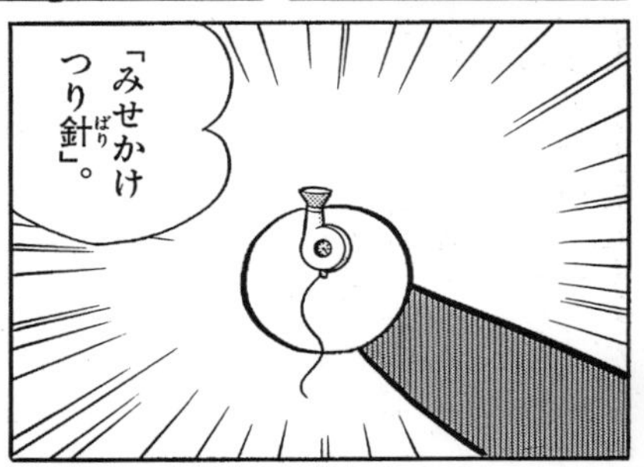
「みせかけつり針」。

この針に魚がかかると、細胞をふくらませて何倍もの大きさにみせかける。
へえ?………

実験してみよう。

目盛りを………、十倍にあわせて。

つれた。
あ、
みるみるうちに、
大きくなってきた。
ピチ
なんとかしてえ。
ピチ
一瞬で魚拓がとれる、「瞬間魚拓用紙」。
魚をのせるだけでいい。
ほらできた。
針をはずすともとにもどる。
魚をかして。
すぐに返すから。

A

②発見者の名前　1938年、当時博物館の学芸員だったコートネー・ラティマーさんによって発見された。

めざしと切身しかないって。
いくらなんでもこれじゃ……。

きたぞ。
やっぱりきたか。
あがれ。

もうきた!

ン?なんだなんだ。

ちょっと魚をかしてね。
こらっ、かってなことを!!

ぐずぐずいってるひまはないっ!!

どうだ!え?
どんなもんだ!
う〜む………。
こ、これはみごとな………。

生命進化と化石の不思議Q&A

Q 脊椎動物と昆虫、先に陸に上がったのはどっち?

①脊椎動物 ②昆虫

きみはどう？最近これというえものは？
いそがしくてね、つりにもしばらくいってないから……。
な〜にいってやがる。
へただからつれないと正直にいえ！
へたとはなんだ！
みてろ、そのうち……。
パパ、こないだの忘れてるんじゃない？
ほら、あの大きなコイ。
これ。
うそだア!!
こ、こんなのいるわけない。
だって、この魚拓がなによりの証拠だよ。
そ、そうだ、そうだ。

A ②昆虫　まずムカデに近い生き物が陸に上がり、足の数が減って昆虫になったと考えられている。

Q 陸上に初めて生えた植物のひとつ、クックソニアは種子でなかまを増やした。本当? ウソ?

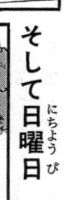

ま、そのていどならかるいものさ。
ガハハ……。

信じられない……。信じられない……。

よおし、決闘だ!!

今度の日曜日。
どっちが大物をつりあげるか!!

そして日曜日

おっ!はやくもきた!!

みろ！みろ！
こんなでっかいアジ。
なんだそんなもの。
おっ、またかかった。
今度はスズキ。
みごとなもんだろ。
そっちは？何匹つれた。
うるさいなあ。
数より大きさの勝負だろ。
心配したとおりだ。
パパってほんとにへたくそなんだね。
針をとりかえよう。
ついでに魚もくっつけて……。
グ・グッ
かかった!!

A ウソ　茎の先にある「胞子のう」から胞子を出してなかまを増やした。

ギャ
ザザー

倍率が十倍になってた。

そんなのいるか。
だからきみのいうことはあてにならないんだ。
ほんとだぞ!!

えっ、三メートル以上のイシダイ!?

針をはずしたらしぼむから、みせびらかしたあとすぐにがしてね。

今倍率をさげてるからね。

Q デボン紀の魚・ダンクルオステウスのかむ力はワニよりも強い。本当? ウソ?

A 本当　頭骨の化石を科学的に分析すると、現在最もかむ力が強いとされるワニを上回るという。

用意いいか。
すぐ魚をくっつけて。
水の中はダイヤルがすべってなかなか……。

ピタ

つれたぞ!!

ゲ・ゲー

海坊主!!

魚類の数が増えていったシルル紀

生物が多様化するなかで魚類も進化した

地球史上、もっとも温暖な気候だった時代のひとつに数えられるのがシルル紀だ。オルドビス紀の寒い気候から一転して、暖かくなった環境は、生物が暮らすには絶好の環境で、さまざまな動植物が活動の範囲を広げていった。この時代の海には、「ウミサソリ」という現在のクモに近いなかまが栄えた。「生きている化石」といわれ、現在も生息するカブトガニも、すでにこの時代によく似たなかまがいたと考えられている。

人間は、お母さんの乳を飲んで育つほ乳類にグループ分けされるが、さらにその進化をさかのぼれば、「背骨をもつ生き物」、つまり「脊椎動物」のなかまに分類される。そして、脊椎動物の共通の祖先とされるのが「魚類」――つまり魚だ。魚類の遠い祖先は、カンブリア紀に誕生し、シルル紀まで命をつないでいたが、まだまだ小さくて弱い生き物だった。

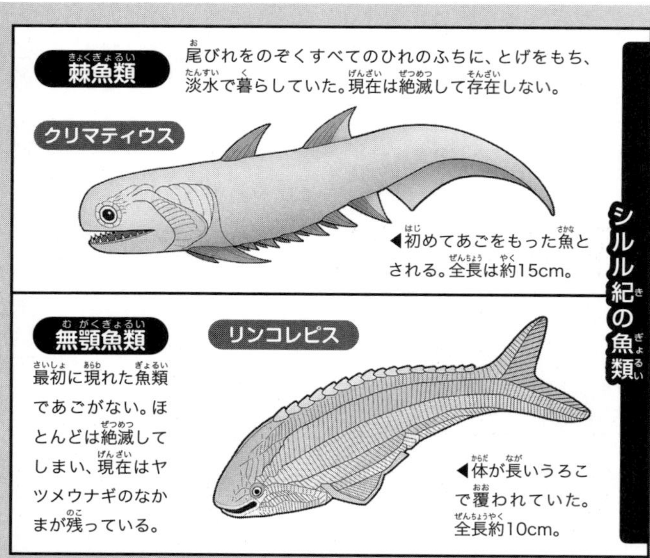

シルル紀の魚類

棘魚類

尾びれをのぞくすべてのひれのふちに、とげをもち、淡水で暮らしていた。現在は絶滅して存在しない。

クリマティウス

◀初めてあごをもった魚とされる。全長は約15cm。

無顎魚類

最初に現れた魚類であごがない。ほとんどは絶滅してしまい、現在はヤツメウナギのなかまが残っている。

リンコレピス

◀体が長いうろこで覆われていた。全長約10cm。

イラスト／加藤貴夫

あごがある魚が誕生し大型化した

では、初期の魚類が小さく弱かったのはどうしてなのだろう？　それは、あごのない開いたままの丸い「口」にある。閉じることのできない丸い口では、海水や海底の泥にふくまれるわずかな栄養素を吸い込むことしかできず、大きくなれなかったのだ。

イラスト／佐藤諭

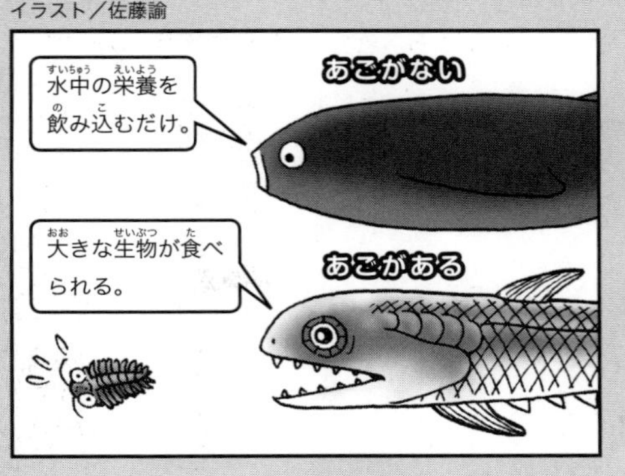
水中の栄養を飲み込むだけ。
あごがない
大きな生物が食べられる。
あごがある

こうしたあごのない魚は「無顎魚類」に分類される。現在のヤツメウナギのなかまも無顎魚類だ（１１１ページの表を参照）。

ところが無顎魚類が誕生してからおよそ1億年後、シルル紀の間に、あごをもつ魚が現れた。エサをしっかりとあごで捕らえて、かみくだいて食べられるようになった。その結果、これまでよりも栄養価の高い、大きな生き物も食べられるようになり、体を大きくすることができるようになったのだ。

さらには、にげる獲物を追いかけるために、えものに負けないすばやさも身につけるものが現れた。体を支える骨が、やわらかい「軟骨」から、かたい「硬骨」になって、はげしい動きができるようになったのだ。

硬骨をもつ魚の子孫は、現在の地球でもっとも数の多い「条鰭魚類」として命をつないでいる（１１１ページの表を参照）。

あごを得たことで、繁栄のきっかけをつかんだ魚類は、次の時代のデボン紀でさらに栄えることとなる。

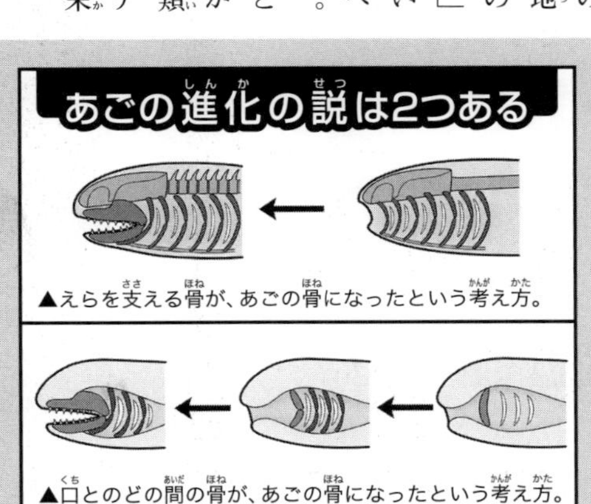

あごの進化の説は2つある

▲えらを支える骨が、あごの骨になったという考え方。

▲口とのどの間の骨が、あごの骨になったという考え方。

イラスト／加藤貴夫

デボン紀は魚の『黄金期』

今は絶滅してしまった魚が栄えていた

デボン紀は、地球の長い歴史のなかで最初に魚類が栄えた時代だ。ひれにとげがある「棘魚類」、頭に骨のかぶとをかぶった「板皮魚類」……現代にはいない2つのグループをはじめ、「無顎魚類」「軟骨魚類」「条鰭魚類」「肉鰭魚類」をふくむ、地球史上最多の計6グループのバラエティに富んだ魚が海で暮らしていた。

魚類が多様化したなかで、当時の食物連鎖の頂点に立っていたのは、板皮魚類のダンクルオステウスだ。全長6mを超えるこの巨大な魚は、シルル紀に魚類が初めて獲得したあごの「かむ力」をさらに進化させた。下あごだけでなく、上あごも大きく開くことができたので、自分の体の大きさにせまる魚をおそうことができたという。

ところが、繁栄をきわめた板皮魚類はデボン紀の末に絶滅してしまう。なぜ地球から姿を消し去ってしまったのかは、いまだ謎に包まれたままだ。

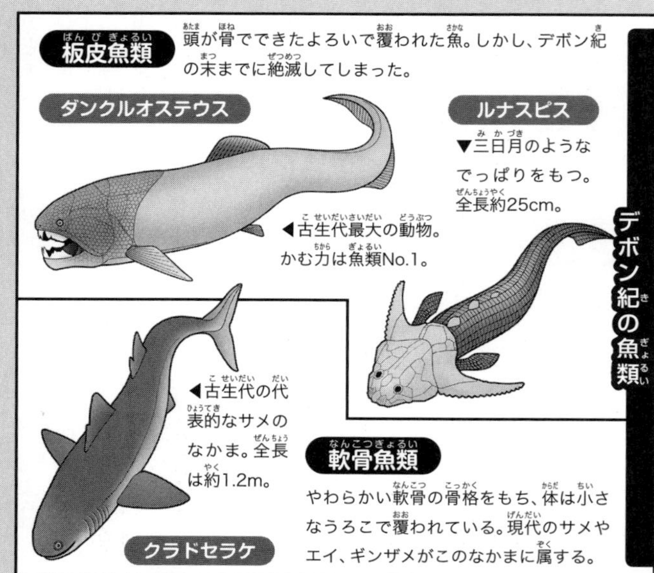

デボン紀の魚類
板皮魚類
頭が骨でできたよろいで覆われた魚。しかし、デボン紀の末までに絶滅してしまった。
ダンクルオステウス
◀古生代最大の動物。かむ力は魚類No.1。
ルナスピス
▼三日月のようなでっぱりをもつ。全長約25cm。
軟骨魚類
やわらかい軟骨の骨格をもち、体は小さなうろこで覆われている。現代のサメやエイ、ギンザメがこのなかまに属する。
クラドセラケ
◀古生代の代表的なサメのなかま。全長は約1.2m。

イラスト／加藤貴夫

イラスト／加藤貴夫

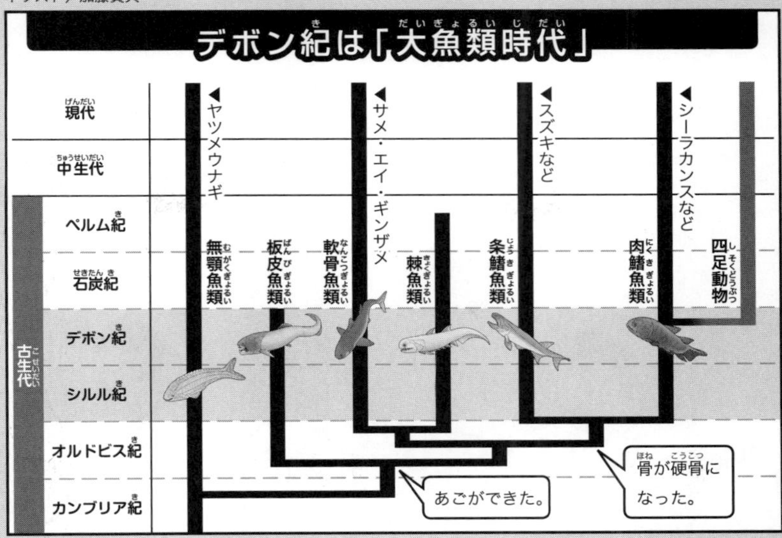

デボン紀は「大魚類時代」
現代
中生代
古生代
ペルム紀
石炭紀
デボン紀
シルル紀
オルドビス紀
カンブリア紀
◀ヤツメウナギ
◀サメ・エイ・ギンザメ
◀スズキなど
◀シーラカンスなど
無顎魚類
板皮魚類
軟骨魚類
棘魚類
条鰭魚類
肉鰭魚類
四足動物
あごができた。
骨が硬骨になった。

魚類の一部が陸に上がって暮らしはじめた

デボン紀の末には、魚類のなかから陸上で暮らすものが現れた。デボン紀は雨季と乾季が交互におとずれた時代で、川や池が洪水であふれかえるかと思えば、干上がる寸前まで水がなくなってしまうこともあった。

こうしたきびしい環境で暮らす魚の一部が、胸びれを前あしに、腹びれを後ろあしに進化させて、肺呼吸を身につけ、陸に上がるようになったと考えられている。

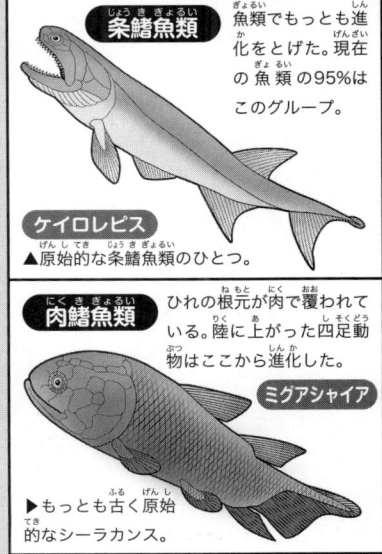

条鰭魚類

魚類でもっとも進化をとげた。現在の魚類の95%はこのグループ。

ケイロレピス

▲原始的な条鰭魚類のひとつ。

肉鰭魚類

ひれの根元が肉で覆われている。陸に上がった四足動物はここから進化した。

ミグアシャイア

▶もっとも古く原始的なシーラカンス。

イラスト／加藤貴夫

ごきぶりふえ

むかし、ハーメルンの町の人びとは、ネズミがふえすぎて大よわり。

ふえふきおじさんがやってきて、「わたしがネズミをたいじしましょう」
市長さんたちは「おまえなんかにできるものか、できるというならやってみろ」

ふえの音につられて、町じゅうのネズミがぞろぞろぞろ。川にとびこんでおぼれちゃったとさ。

きゃあ

なんだろう。

Q ゴキブリには耳はない。本当？ウソ？

どうしたのいったい。
そこにそこに。

なんだごきぶりか。
さささ

ごきぶり見ると、ぞおっとするのよ。

しゅうしゅうしゅう
きゃあっ、また。

こんなにふえちゃ、たまらないわ。
ひっこししようかしら。

そうだ。

A 本当　ゴキブリには耳はない。でも、足にある微細な毛で音の振動をとらえることができるんだ。

ごきぶりをみんなつかまえよう。
えっ、どうやって。

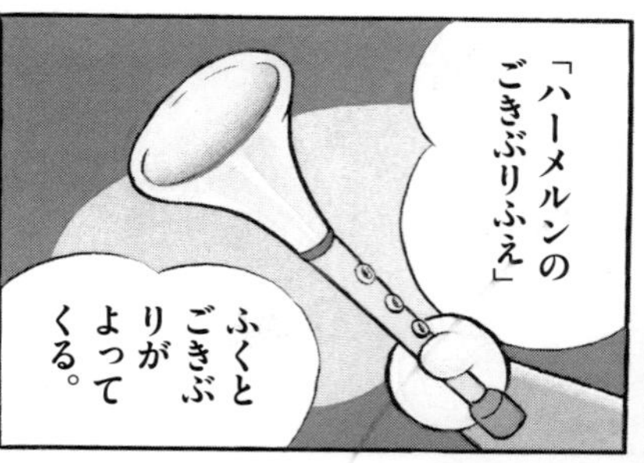
「ハーメルンのごきぶりふえ」
ふくとごきぶりがよってくる。

ほいほい〜〜。

こんなにあつまると気味がわるいや。
ざわざわ

ほいほい〜。
ざわざわ

ぜんぶ入ったらふたをする。

どこへすてるの。
このままにしておこう。
ごそごそ

えっ、みんなつかまえたの。
まあ、うれしい。

ごほうびあげるわ。

いいなあ。
うちのごきぶりもつかまえて。

ひょい

うるさい、おれにかせ。

かあちゃん。
ごきぶりやっつけたら、いくらくれる。

うちはごきぶりなんかいないもの。

だれよ。
ごみバケツをこんなところへ持ってきたの。

生命進化と化石の不思議Q&A

Q 石炭紀に生きていた巨大ムカデはどのくらいの大きさ？ ①50cm ②1m ③2m

ざわあ

すててきてちょうだい、はやく。

ふえもとられちゃったし。
すてるといってもなあ……。

ざわ
ざわ

このごきぶりをうちへつれていこう。

ほいほい～。
ざわ
ざわ

町じゅうのごきぶり、よってこい。ほーいほい。

A ③ ムカデやヤスデの仲間のアースロプレウラは体長2m以上、幅50㎝もあったんだ。

なんだか
さわがしい
わね。
ざわ
ざわ

ざわ

ごきぶり
つかまえ
たら、
いくら
くれる?

スー
ふえが
こわれた。

ガチン

「小学一年生」1975年10月号掲載

シダ植物の大森林ができた石炭紀

石炭はこの森の植物からできた

シダというと、草のような植物を想像するかもしれない。山菜のワラビとして食べたことがある人もいるだろう。ところが、石炭紀に繁栄したシダ植物は、巨大な木に成長して木性シダとも呼ばれている。化石の表面が魚のうろこのように見えることから、鱗木とも呼ばれるレピドデンドロンは、幹の太さが2ｍを超え、高さは40ｍにもなった。うろこのように見える模様は、成長の途中で幹や茎に生えていた葉が落ちた跡だと考えられている。同じ時代の地層から発見されたシギラリアも高さ20ｍに達した。

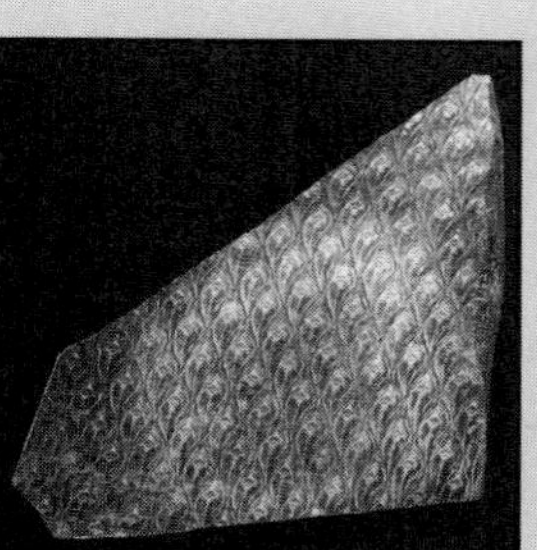
◀石炭紀の植物としては最大級に成長するレピドデンドロンの化石。

画像提供／冨田幸光

カラミテスは高さ30ｍほどで、スジ状に見える模様が現生の蘆に似ていることから蘆木とも呼ばれている。

現在の森林では、倒れた樹木は生物のエサになったり、微生物に分解されたりして、食物連鎖の中で消費される。でも、シダ植物が繁栄しやすい湿地では、倒れた樹木はすぐに泥に埋まってしまい、分解されずに長く残って、やがて化石である石炭に変質していったんだ。

◀シギラリアの幹の表面。

画像提供／porshunta

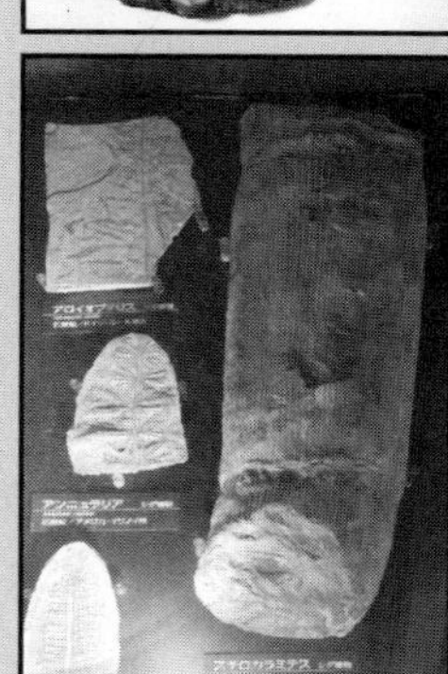
◀スジ状の模様が目立つカラミテス。

画像提供／国立科学博物館

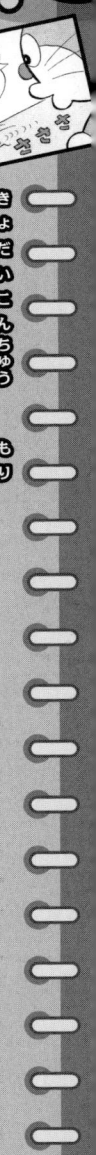

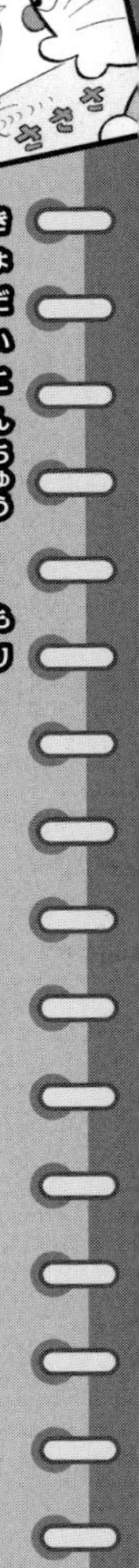

巨大昆虫の森

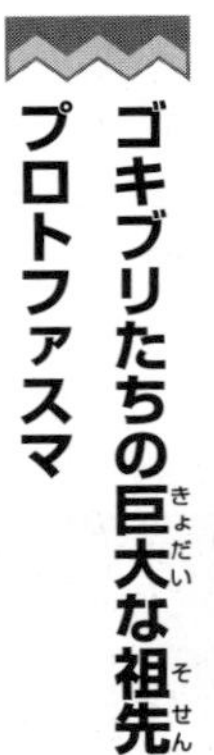
なんだ
ごきぶりか。

ゴキブリたちの巨大な祖先 プロトファスマ

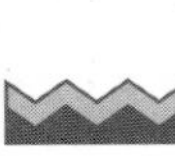

シダ植物の大森林で生きていたのは、他の動物に先駆けて陸上に進出した節足動物たちだ。中でも、昆虫はこの大森林で大きな進化を達成した。これまでの生物がもっていなかった「はね」を進化させたのだ。すべての生物の中で、初めて空に進出したのが昆虫たちなんだ。

昆虫のはねがどのように獲得されていったかは、未解明な部分も多い。現生の昆虫は4枚のはねをもつのが基本形だが、初期の昆虫の中にはムカシアミバネムシ類という4枚のはねの前に小さなはねを2枚、計6枚のはねをもつ種も存在していた。昆虫のはねは、もともとは体の側面にあった突起のようなものから進化したのではないかとも考えられている。

この石炭紀の大森林で大繁栄を迎えたのが、なんとゴキブリのなかまたちだ。大小合わせて600種を超えるゴキブリのなかまが繁栄していたと考えられていて、最大級のアプトロブラッティナは体長50㎝という人間の頭よりも大きなゴキブリだった。ゴキブリは、このころに出現してからほとんど姿を変えずに生き抜いてきた、生きている化石ともいえる生物なんだ。このゴキブリの祖先と考えられているのがプロトファスマだ。体長は12㎝くらいあって、現生のゴキブリよりもかなり大きいけれど、化石に残された姿はゴキブリとかなり似ている。

石炭紀に生きていたような巨大なゴキブリが家の中に入り込んできたら、のび太くんやジャイアンのお母さんたちも飛び上がるくらいでは済まないだろう。

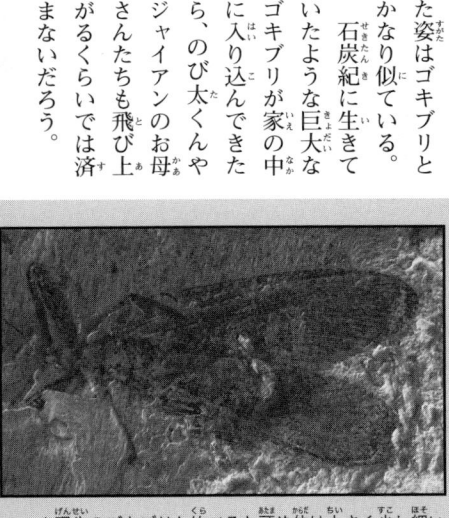

▲現生のゴキブリと比べると頭や体は小さく少し細い。

巨大トンボ、メガネウラが飛ぶ！

石炭紀の地層からは、巨大なトンボのなかまの化石も発見されている。それがオオトンボ目のメガネウラだ。現生のトンボの直接の祖先ではないが、化石を見ても2対の大きなはねからトンボのなかまだと想像できるだろう。その大きさは、頭から尾の先までは30cmを超え、はねを広げた大きさは70cmにもなる。空を飛ぶことができる昆虫の中で、史上最大の大きさだ。現生のトンボは最大でもはねを広げた大きさが20cm以下だから、3倍以上の大きさだ。

メガネウラは、はねの付け根の形などから、はねを折りたたんで止まったり、現生のトンボのようにすばやく向きを変えたり、1か所にとどまるホバリングをすることはできなかったと考えられている。天敵のいないシダ植物の森の中をときどき羽ばたきながら滑空して獲物を捕まえていたのかもしれない。

▲はねにスジ状の模様（翅脈）がわかるメガネウラの化石。

撮影／大橋賢　国立科学博物館所蔵

特別コラム　昆虫たちはなぜこんなに巨大になったのか？

石炭紀の昆虫たちが巨大に進化したのには、いくつかの理由が考えられている。まず、陸上にシダ植物の大森林が形成されて、大気中の酸素の濃度が現在の約1.6倍の35%近くもあったこと。植物が光合成で大量の酸素を作り出すのに比べて酸素を消費する生物が少なかったため、現在よりもずっと酸素が多かったんだ。この環境が昆虫の活動に適していた。他には、まだ昆虫を捕食する大型の生物がいなかったこと、現在より平均気温が高く昆虫が活発に活動できたことがある。

石炭紀の終わりに氷河期が来て、地上の環境が変化すると、巨大昆虫は姿を消した。でも、昆虫はこの時期に幼虫、さなぎ、成虫と変化する完全変態を身に付けてさらに繁栄し続けている。その後、酸素濃度が高い時代、気温が高い時代が他にあっても昆虫が石炭紀ほど巨大になった時代は他にない。昆虫の巨大化はまだ解明されていない謎のひとつなんだ。

脊椎動物たちの上陸作戦

陸をめざして手足を伸ばす

植物や節足動物が陸上に勢力を広げているころ、海中では脊椎動物たちも上陸の準備を進めていた。約3億5000万年前のデボン紀後期から石炭紀前期ごろに生息していたアカントステガは原始的な両生類で、確認されている中でもっとも原始的な四足動物だ。体長は60㎝程度で4本の足をもっている。でも、足首に関節はなく、どれも外側を向いていて、指が8本もあるなど、魚のひれのような特徴も残っているし、脊椎（背骨）の形からも、まだ地上を歩くことはできなかったと考えられている。でも、4本足の獲得こそ陸上への適応の第一歩なんだ。

イラスト／加藤貴夫

▲原始的な四足動物アカントステガ。

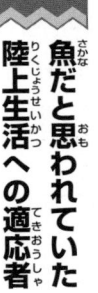

魚だと思われていた陸上生活への適応者

アカントステガの時代から約2000万年の間、四足動物の化石が見つからず、提案した人の名をとった「ローマーの空白」と呼ばれて長い間謎となっていた。この空白を埋める化石が、2002年に発見されたペデルペスだ。1971年に発見された化石だが、30年以上魚類だと間違われていた。ペデルペスは、足の先が前を向き、歩行しやすい構造になっていて、陸上を自由に歩行できた最初の四足動物だったんだ。

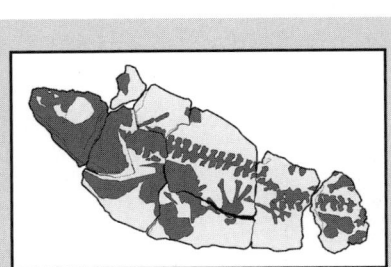

▲魚類と間違われたペデルペスの化石（模写）。

イラスト／加藤貴夫

画像提供／冨田幸光
▲大きな口をもつエリオプスは強力な捕食者だった。

史上最強の両生類現る！

陸上生活への適応に成功した両生類は、石炭紀からそれに続くペルム紀にかけて、最強の生物として繁栄した。
セイムリアは、体長50cmを超える大きさで、強い四肢で体をしっかりと持ち上げて陸上を歩行できた。化石が発見された当初はは虫類のなかまだと考えられていたが、現在では両生類とされている。両生類でありながらは虫類の性質ももった生物だ。
さらに巨大に進化した両生類がエリオプスだ。体長は２ｍ、体重は１００kgに迫る。じょうぶな背骨と足をもち、幅広い体をした生物だ。頭の上側に目や鼻が寄っていて、ワニのように待ち伏せして狩りをしたかもしれない。ペルム紀前期の水辺で最強の生物といえるだろう。

特別コラム

水に戻った両生類

四肢を獲得して、陸上に適応した両生類は、この時代の水辺の生態系の上位に位置する生物となって、さまざまな形に進化していった。中には再び水中生活に戻る種も現れた。
大きな三角形の頭が特徴のディプロカウルスは、水中生活に適応した両生類の一種で、未解明な部分は多いが三角形の頭は水中での方向転換などに活用されていたのかもしれない。
約2億7000万年前のペルム紀後期には、プリオノスクスが登場する。
細長い口をもったワニのなかまのような姿の両生類で、化石は一部分しか発見されていないが、体長9mと推定される史上最大の両生類だ。陸上に上がることもできたが、一生のほとんどを水中で過ごしたのではないかと考えられている。

▶まるでブーメランのように大きく左右に張り出したディプロカウルスの頭部。

画像提供／ Smokeybjb

のら犬（いぬ）「イチ」の国（くに）

ワンワン。

このあいだののら犬か。きょうはなんにもないよ。

のび太、さっきはよくも!!

ワ、ワン!!

一度えさをやっただけなのに、なついちゃって。

でも、うちじゃ生き物は飼えないんだよ。

わかってくれよ。

Q ペルム紀というのは、ペルムという生物の名前からつけられた。本当? ウソ?

しずちゃんとこへ……。

しばらくかくれさせて。

出木杉さんがきてるの。
やあ。

つづきをよんで。
「おどろくべきことにこの遺跡は……」

イセキってなんだい?

昔の人のくらしの跡だよ。

知らないの? アフリカの奥地で大昔の町の跡が見つかったのよ。

「この遺跡はかなり高い文明をもっていたらしく、これまでの考古学・人類学の定説をくつがえす画期的大発見……」

むずかしい話ばっかし…。

さよなら。

待ってたの?

そりゃね。ぼくだってきみを飼えれば、
どんなにうれしいか…。

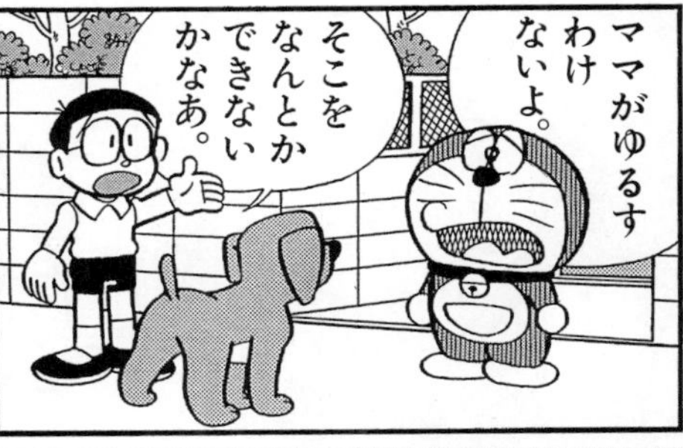
ママがゆるすわけないよ。
そこをなんとかできないかなあ。

そうねえ…。

「かべかけ犬小屋」

めだたないところへはる。

A ウソ　ロシアにあるペルミという都市の名前がもとになっているんだ。

Q 街路樹によくあるイチョウは実は生きている化石だ。本当？ ウソ？

こりゃいいや。

いいか、かってにでちゃだめだぞ。

ありがとう。
おかげでぼくも犬が飼える。

問題はこれからだよ。
エサは毎日やらなきゃいけないし、散歩もさせなくちゃ。

いまさらすてるわけにいかないし、やれるだけやってみるよ。

るすちゅうママに見つからなきゃいいけど。

A 本当　イチョウはペルム紀から白亜紀に繁栄した植物の仲間で、たった1種だけ現在まで生き残った。

犬は？
だいじょうぶだよ。
ママがこないか見はってて。
OK。
クウンクウン。
シーッ。
たっぷり遊ばせておいで。
もちろん。
小さな小屋の中できゅうくつだったろう。
なあ犬。
犬ってのはおかしいな。
名まえをつけなくちゃ。
ワンワン。
ワンか。
ワンといえば英語で「一」のこと…。
イチにしよう。
国際的名まえだ。いいだろう。

生命進化と化石の不思議Q&A
Q 古生代に繁栄したウミユリは海に生えるユリの仲間だ。本当？ ウソ？

クウン
クウン
クウン

ないてるよ。
しようがないなあ。

クウン
見つかったらどうするんだ。
クウン

シーッ。
しずかにしろ！

さびしかったの？
じゃ、しばらくいっしょにいるよ。

ウウ

おもてになにかいるの？

のらネコか……。
ミャア
ミャア
だれかにすてられたんだな。

あのネコが気になるの？
きみ、やさしい犬なんだなあ……。

A ウソ　ウミユリは棘皮動物といって、現在のウニやヒトデの遠い仲間なんだ。

おててをきれいきれいしましょ。

台所からよく食べ物がなくなるんだけど。
夜中に勉強なんかしてるとさ、ついおなかがへったりして。

ちょっと見えすいたいいわけだった。

こづかい?あんまりないけど。
エサを買わなくちゃ。

肉店
ソーセージ一本……。

え、なに?
なんだって?

Q 古生代の海で繁栄した三葉虫は三畳紀にも繁栄した。本当？ ウソ？

なにか
いいたそう
なんだ。

「動物語ヘッドホン」

クウン
クウン。
なに？
かわい
そうな
のらネコ
がいる
ので、

いっしょに
飼って
くれ、
だって！
ミイ。

じょうだん
じゃない。
一ぴきでも
手いっぱい
なのに!!

ショボ
ミウ
ミウ。

いいよ。
もう
しようが
ない、飼って
やるよ。

あん
まり
やさしい
犬も
こまっ
た
もんだ。

二ひき
分の
エサ代
を
どうする
？

まあ、めずらしい。
つづくようならいまにこづかいを値上げしてやるぞ。
少しずつでいいから毎日ほしい。
?
あやしまれたかな。
ドラえも～ん。
どっかへ遊びにいったな。
人がこんなにこまってるのに。
ついに手に入れた。
ついに手に入れた。
「無料ハンバーガー製造機」
水と空気でクロレラを培養して。
人工肉を作るんだ。
ありがとう。
これで食糧問題は解決だ。

A ウソ　三葉虫の仲間はペルム紀の終わりにすべて絶滅してしまって、それ以降の時代からは発見されていない。

Q 史上最大のアンモナイトの化石は三畳紀の地層から発見された。本当？

庭で犬やネコのなき声がするのよ。
気のせいだろ。

いいえ、きっとどこかにかくしてるのよ。
あす、てってい的に探します!!

居残りさせられた。

へえ、そんな大昔の遺跡から電線らしいものがでたっての。
自動車や飛行機らしいものさえあったらしいよ。
そんな高い文明がどうして消えちゃったのかしら。
遺跡の話ばっかり。

ウソ？

すてていらっしゃい!!

A ウソ　最大のアンモナイトの化石は直径約2mで、白亜紀後期の地層から発見された。

しかたないじゃないか。やれるだけやったんだ。

どこか遠い山奥へ。

さ、これからは自分の力でくらすんだよ。

な、なんだ!!こりゃ。
野犬がいっぱい!!

そうか思いだした!!
保健所のオリがこわれて野犬がにげだしたってニュースがあったぞ。

仲間が多けりゃ心じょうぶだろ。

Q ペルム紀に生きたカエルの祖先は、ジャンプはできなかった。本当？ ウソ？

……。

はやく入れよ。
どうしたの。

これから犬たちがどうなるか、考えてみたんだよ。

山の中にはあれだけの犬の食べるえさがない。やがては村へあらわれて鳥小屋をおそったり……。人間と争うことになって………。

みんなつかまって殺されちゃう!!
そんな!!

「スモールライト」でなんとかみんなつれてきたけど………。
これからどうする!?
ママに見つかったら、ただじゃすまないぞ。

かわいそうなもんだなあ。せっかく生まれてきて、住むところもないなんて。

無責任に犬やネコをすてる人間が悪いんだ!!

そうなんだ。
だいたい人間は自分かってな生き物…。

そうだ!!

人間のまだいない、昔へ送ってやればいいんだ!!

ついでに近所ののらネコや野犬もいっしょに。

約三億年前。

恐竜時代のさらにもっと大昔。

犬やネコをいじめるような動物は、まだあらわれていない。

A 本当　カエルの仲間がジャンプできるように進化したのは三畳紀になってからなんだ。

Q 三畳紀の空気は、現在よりも酸素が少なかった。本当？ ウソ？

ワンワン
ニャーニャ
クンクン
ミイミイ

さあ、広い世界へ着いたよ。
だれにもえんりょしなくていいんだ。

イチ、おまえがリーダーになってなかよくくらすんだよ。

でもねえ……。
この世界にエサはあるかな。
こん虫や原始的なは虫類はいるけどね。

犬にこの機械うごかせる？
ま、むりだね。

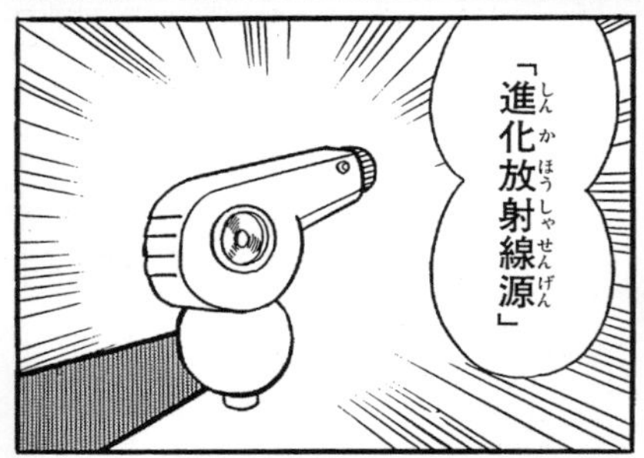
「進化放射線源」

機械がいじれるていどに進化させよう。
最高パワーで手早く。

ピピ
ピピピピ
ピ

立った
！

あの顔を見ろ！きみよりりこうそうだよ。

まずメインスイッチを入れてだな。
培養機のコックを開き、
タンパク抽出ドラムを始動。そして……。

ポン
ポン
ポン

できた!!
ぼくより頭いい！

きみは勇気もあるし、りっぱなリーダーになれるよ。

じゃあね。
だれにもえんりょしないでのびのびと生きな。

ワウン

犬もネコも、大昔は人間の世話になんかならずに生きてたんだから、
ちゃんとやってくさ。

A 本当 ペルム紀末の環境変化の影響で現在よりも約10％近く少なかったと考えられている。

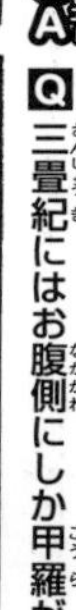
Q 三畳紀にはお腹側にしか甲羅がないカメがいた。本当？ ウソ？

遺跡の発掘が進むにつれ、なぞは深まるばかりです。
この都の栄えた年代は、じつに三億年の昔です。

これは人類の発生以前で、では、いったいだれが住んでいたのか……。

聞いたか！
じつにふしぎな話じゃないか。

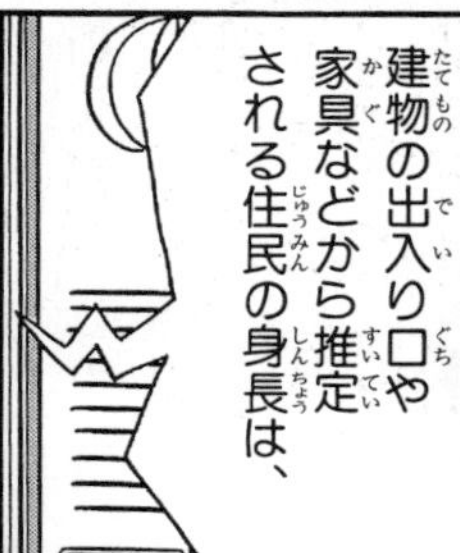
建物の出入り口や家具などから推定される住民の身長は、

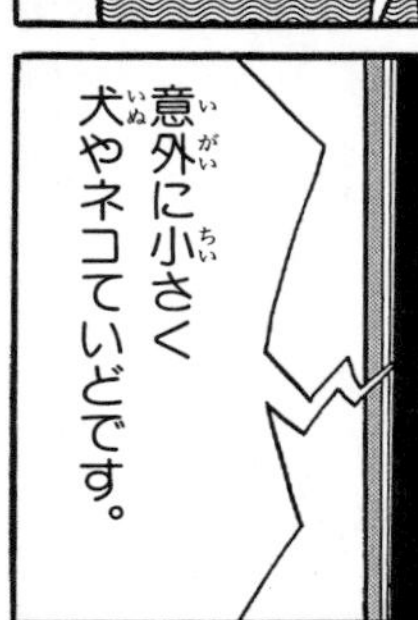
意外に小さく犬やネコていどです。

あ〜っ。
ひょっとして!!

どこへ行くんだよ？

進化放射線源をおきっぱなしにしてきたんだ。
あれから千年後へ行ってみよう。
あ〜っ!?
わずか千年でこんなに……。
それにしてもだれもいないね。
この都市が、三億年たってほりだされたあの遺跡なのかしら。
どうもそうらしい。

A 本当 三畳紀の地層から発見されたオドントケリスは、背側の甲羅が発達しておらず腹側にだけ甲羅があった。

生命進化と化石の不思議Q&A

Q 最初の哺乳類が生まれたのは三畳紀だ。本当？ ウソ？

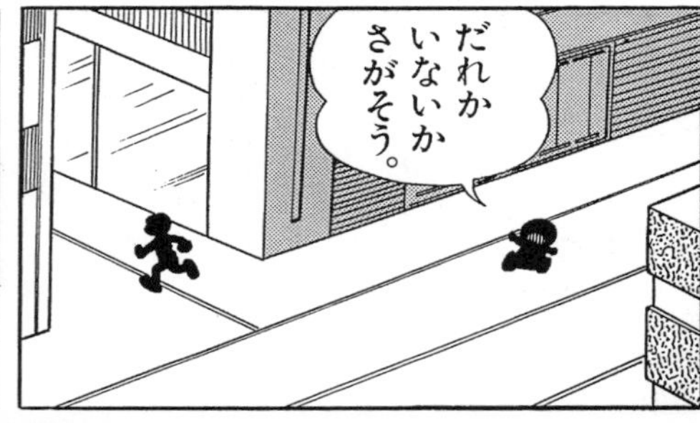
だれかいないかさがそう。

りっぱな建物だな。
なんだろう。

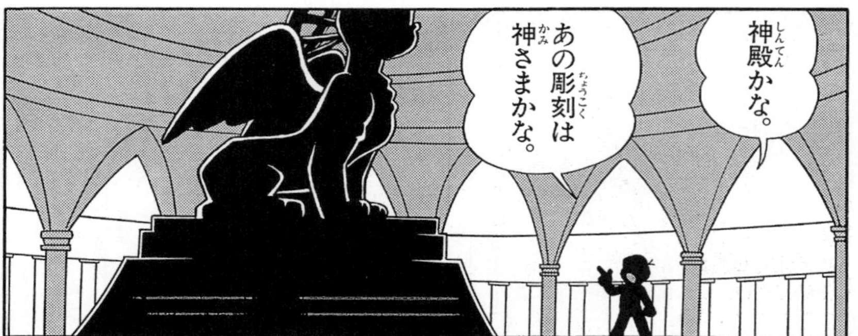
神殿かな。
あの彫刻は神さまかな。

おういのび太!!

だれかくる！

イチ
!!

イチ？
聞いたことあるな。
そうそう、ご先祖にそんな名まえの方がいました。遠い昔です。わが国の初代大統領です。

でも、この町ともお別れです。学者が今後の地球の気象の大変動を予言したので、もっとくらしよいほかの星へ移住したのです。

ぼくはちょっと忘れ物をとりにきたのです。
さよなら。

イチたちは、すばらしい文明をきずいたんだ。

いつの日か……、
どこかの星で、イチの子孫とぼくらの子孫が出会うかもしれないね。

寺院跡からでてきた神さまの彫刻がほら！野比くんそっくり!!

アハハ、けっさくだ。

A 本当　最初の哺乳類は大きくてもネコくらいで、ほとんどがネズミくらいの大きさだったと考えられている。

約三億年前。
恐竜時代のさらにもっと大昔。

水辺の生き残り競争で多様な生命が進化したペルム紀

タネも卵も内陸をめざした進化だった

石炭紀からペルム紀に繁栄したシダ植物や両生類は陸上に適応していたが、胞子で繁殖するシダ植物も、水中でゼリー状の膜に包まれた卵を産む両生類も、子孫を残すには湿った水辺の環境が必要だった。水辺はたくさんの生物が生存競争を繰り広げる激戦地になっていた。

水辺からさらに広い範囲に進出するには、乾燥や環境の変化に耐えて繁殖できる進化が必要だったんだ。

画像提供／国立科学博物館

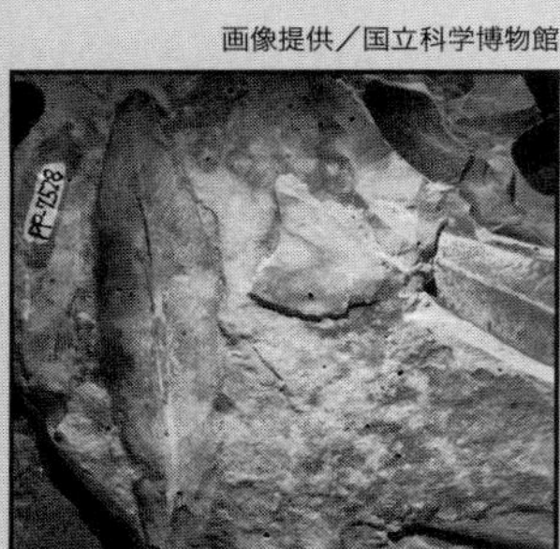

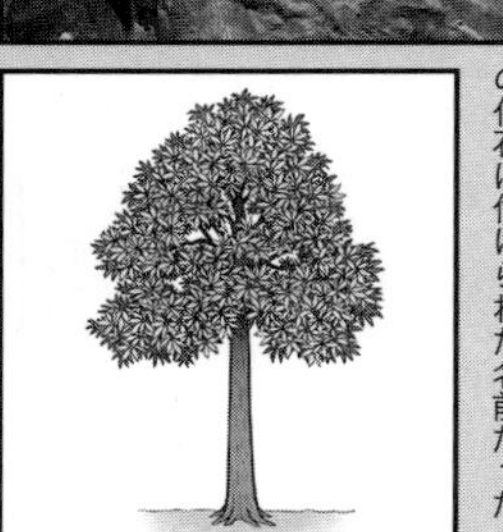

▲◀グロッソプテリスは元々は葉の化石に付けられた名前だった。

イラスト／加藤貴夫

シダ種子植物のグロッソプテリスは、葉の付け根に小さな葉を重ねて胞子を守るようになった。これは原始的なタネの始まりだ。胞子を守る葉がやがてタネを守る殻に進化していく。タネをつくるようになった植物を裸子植物といって、現在のマツやイチョウの祖先だ。

両生類の中からも、卵の中の重要な部分を羊膜という膜で守って、環境の変化に耐えられる羊膜類が表れた。羊膜類の中からさらにがんじょうな殻がある卵を産むは虫類が進化していったんだ。そして、繁殖力が強いは虫類が、今度は水辺に進出していく。メソサウルスは水中に適応したは虫類で、ペルム紀前期の地層から多くの化石が見つかっている。

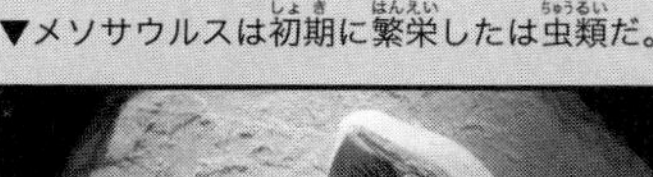

▼メソサウルスは初期に繁栄したは虫類だ。

画像提供／国立科学博物館

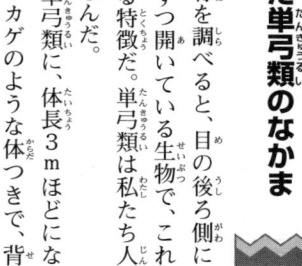

ペルム紀に繁栄した単弓類のなかま

単弓類というのは、頭の骨を調べると、目の後ろ側に側頭窓という穴が左右1個ずつ開いている生物で、これは現代のほ乳類にも共通する特徴だ。単弓類は私たち人類を含むほ乳類の遠い祖先なんだ。

ペルム紀初期に繁栄した単弓類に、体長3mほどになるディメトロドンがいる。トカゲのような体つきで、背骨からは長いとげが伸びて、背中に大きな帆のような部分があるのが特徴だ。ペルム紀初期は、氷河期の終わりごろで寒冷な環境だった。大きな帆は太陽光を浴びて体を温めるのに役立っていたと考えられている。ディメトロドンという名前は、2種類の歯という意味で、突き刺すための長い歯と尖った小さな歯の2種類をもっていた。

ペルム紀後期には単弓類の中でも獣弓類というグループが繁栄した。リカエノプスは体長1mほどで、前脚は横に突き出した原始的なつくりだが、後ろ脚は現在の動物のようにまっすぐ立っていて、かなりすばやく走ることができたかもしれない。口には長い牙があって、獲物を食べるのに役立っていたと考えられているぞ。

◀背中に帆をもつディメトロドン。

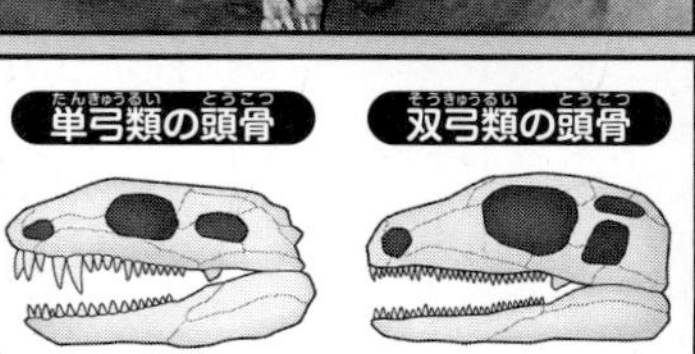
単弓類の頭骨
双弓類の頭骨

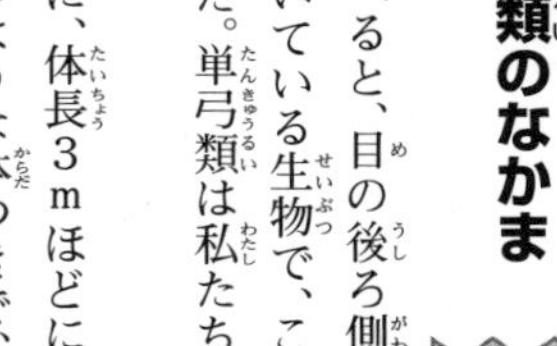

画像提供／冨田幸光　イラスト／加藤貴夫

▼ペルム紀後期の強力な捕食生物だったリカエノプス。

画像提供／Daderot

生物史上最大の大量絶滅と新しいは虫類の出現

この世界にエサはあるかな。
こんな虫や原始的なは虫類はいるけどね。

生物をおそった2度の大量絶滅

P-T境界の大量絶滅

史上最大規模の火山の噴火
陸
海

陸：噴出物で太陽の光がさえぎられ、植物が育たなくなった。

↓

草食の生物は食物がなくなって死んでしまい、肉食の生物の食物もなくなって地上の生物の多くが絶滅してしまった。

↓

生物のほとんどが絶滅してしまった

海：温暖化が起こり、海流が変化した。

↓

海では表層の酸素が深海にいきわたらなくなって、海中の酸素が不足するスーパーアノキシアが起こって、多くの生物が絶滅してしまった。

イラスト／佐藤諭

最初の環境の変化は、約2億6000万年前に起きた、海水面の急激な低下だった。それによって、浅い海の生物の多くがすむ場所を失って絶滅したと考えられている。陸上の環境も変化し、ペルム紀に進化したは虫類は26グループのうち9グループが絶滅してしまった。

そして、約2億5000万年前に、さらに大きな環境の変化が起こった。原因にはいくつもの説があって、まだ解明されていない部分が多いが、大規模な火山活動が引き金になったかもしれない。シベリア洪水玄武岩（シベリア・トラップ）は、ペルム紀末に200万年にわたって続いた地球内部のマントルの上昇による史上最大規模の火山活動の証拠だ。現在でも日本の面積の5倍以上の巨大な岩となって残っているんだ。

この環境の変化で、海の生物種の96％、陸の生物種の69％が絶滅してしまった。この大量絶滅による生物の種類の大きな入れ替わりをP-T境界と呼んでいる。

まんがの最後で、イチの子孫たちの学者が予言した地球の気象の大変動は、この大量絶滅のことかもしれない。

大量絶滅からの回復は海から始まった

約2億4800万年前の宮城県の地層から発見されたウタツサウルスは、体長2mほどになる初期の魚竜のなかまだ。魚竜は海の生活に完全に適応したは虫類で、現生のイルカとよく似た姿に進化した。異なる種類の生物が同じ環境に適応するために似た姿に進化する「収れん進化」の代表例といえる。

▲ウタツサウルス。左側が尾部で右側が頭部だ。

撮影／大橋 賢 国立科学博物館所蔵

大量絶滅から数百万年の間は、海中の酸素が欠乏するスーパーアノキシアの影響が続いていた可能性が高いが、大型の海生は虫類が生活するには、エサとなる海の食物連鎖が回復している必要があることから、このころには海の食物連鎖が回復し始めていた可能性が高いと考えられているんだ。

『のび太の恐竜』のピー助は首長竜のなかま

大量絶滅を乗り越えて海に進出したもう一種類のは虫類が首長竜のなかまだ。ピストサウルスは三畳紀半ばころの地層から発見された体長3mほどの初期の首長竜のなかまで、ひれ状の脚をもっていた。首長竜のなかまは首が短くて頭が大きいプリオサウルス類と首が長くて頭が小さいプレシオサウルス類に分かれて進化して、魚竜以上に繁栄していく。『のび太の恐竜』に登場するピー助は白亜紀に生きた首長竜のフタバサウルスがモデルだ。魚竜や首長竜は恐竜と同じ時代の大型は虫類だが、恐竜ではない。三畳紀の初めごろに分かれて水中の環境に適応することで恐竜とは別の進化をした生物だ。

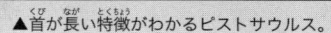

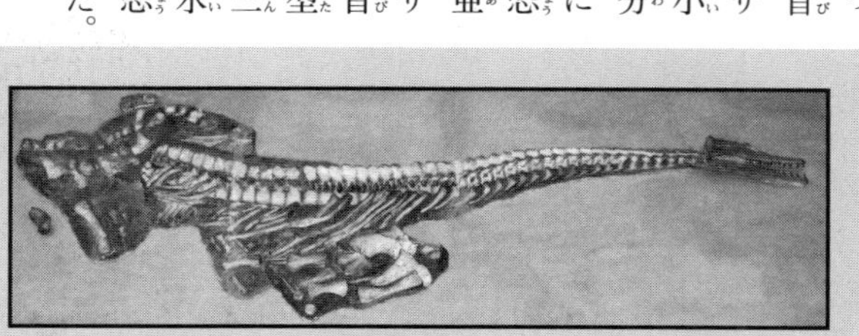

▲首が長い特徴がわかるピストサウルス。

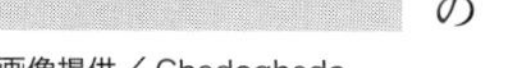

画像提供／Ghedoghedo

三畳紀は地上も空もは虫類の世界

立った！

三畳紀最強のワニの祖先たち

三畳紀の地上で勢力を伸ばしたは虫類は、恐竜ではなく、クルロタルシ類という直接の祖先ではないがワニのなかまたちだった。このころのクルロタルシ類は、現生のワニのように脚を曲げてはうのではなく、体の下にほぼまっすぐ伸びた脚をもち、体を持ち上げて、すばやく移動することができたと考えられている。プレストスクスは体長4mを超える大型のクルロタルシ類で、まだ大型化していない初期の恐竜も獲物にしていた。

画像提供／国立科学博物館

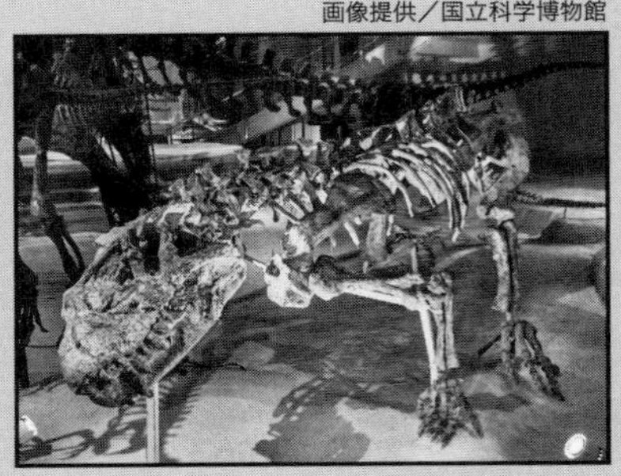

▲南米ブラジルで発見されたプレストスクス。

進化を始めた恐竜のなかまたち

初期の恐竜が登場したのは約2億3000万年前だったと考えられている。現在のアルゼンチンにある三畳紀の地層から化石が発見された。最古の恐竜の一種のエオドロマエウスは体長1m程度の大きさだが、強力な肉食恐竜に進化する獣脚類の特徴を備えている。同じく最古の恐竜の一種エオラプトルも1m程度の大きさだが、歯の形には後に数十mの大きさに進化する竜脚形類への進化の兆しがある。繁栄するクルロタルシ類の陰で、恐竜のなかまたちも繁栄の準備を始めていたんだ。

▼最古の恐竜の一種エオドロマエウス。

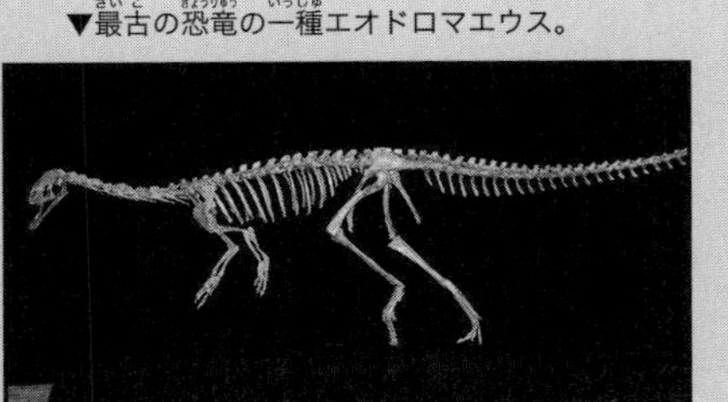

画像提供／冨田幸光

空へと進出した翼竜のなかまたち

は虫類の空への挑戦は、ペルム紀から始まっていた。小型のは虫類の中にはろっ骨をのばした翼を広げて滑空することに成功した種類もいたんだ。三畳紀には翼竜のなかまが登場した。大きな膜状の翼をもち空を自由に飛ぶことができた、空に進出したは虫類だ。翼竜の翼は前脚が進化したもので、薬指1本だけが長く伸びて翼の半分以上を支えていた。ユーディモルフォドンは初期の翼竜で翼を開くと1mほどの大きさで、長い尻尾をもっていた。約2億2500万年前の海辺の地層から発見されて、化石の周りから魚のうろこが発見されていることから、魚を主食にしていたと考えられている。

◀長く伸びた指で翼を広げて空に進出したユーディモルフォドン。

撮影／大橋 賢　国立科学博物館所蔵

特別コラム

三畳紀末の大量絶滅

約2億5000万年前のP-T境界の大量絶滅とともにカンブリア紀から続いた古生代が終わり、三畳紀の始まりは、は虫類の時代とも呼ばれる中生代の始まりとなった。

生き残ったは虫類のなかまは、他の生物が絶滅していなくなった領域にどんどん適応して活動範囲を広げていく「適応放散」によって海にも陸にも空にまで進出して、繁栄していった。

ところが、約2億150万年前の三畳紀の終わりに、再び生物の50%とも75%ともいわれる大量絶滅が起こった。

この大量絶滅の大きな原因と考えられているのが中央大西洋マグマ分布域で起こった大規模な火山の噴火だ。

P-T境界の大量絶滅のころから温暖な環境が続いていた三畳紀の気候に、火山活動による温暖化が重なって生物の生存に適さなくなった可能性が高い。三畳紀末の大量絶滅には、カナダのマニクアガンクレーターを作った隕石の衝突が関係しているという説もある。

三畳紀は大量絶滅で始まり、大量絶滅で終わりを迎えることになったんだ。

この大量絶滅によって生物がいなくなった領域に適応放散していくのが、恐竜のなかまたちだ。三畳紀に続く中生代のジュラ紀と白亜紀は恐竜たちの時代なんだ。

自然観察プラモシリーズ

1

ひゃー、でっかい恐竜プラモデル!!
こんなすごいの、みたことない。

ただのプラモじゃないぞ、ガレージキットっていうんだ。
ほんの少ししかつくらないから、デパートなんかじゃ買えないよ。

きみらが手に入れようとしても、ぜったいむりだろうね。
すげえな……。

うらやましい……。

よおし!!

よおしだって?……気になるなあ。

あいつになにかみせると、きっとドラえもんに泣きついて……。

Q ジュラ紀には地球温暖化が起こっていた。本当？ ウソ？

ねーえ、ドラえも～ん。

え？めずらしいプラモ？

二十二世紀にはいろんなのあるでしょ。
そりゃもちろんいっぱいあるさ。

たとえば「TOKYO二十二世紀」というのが大人気だよ。
縮尺百分の一、東京中の建造物や、地下街や、交通機関まで精密なミニチュアになってるんだ。

それほしい!!
ただし、東京ドームより広いへやで、完成までに三十年かかるけど。

もう少してっとりばやいのがないかな。
きみがつくるの？

やめたほうがいい。いままで何個もつくりかけて、ひとつでも完成したためしがある？いつもやりそこなってとちゅうでほうりだして……。

冷たいこといわないで！

わかった、わかった。

「自然観察プラモシリーズ」ナンバー①

①

なにこれ？
それはかざり台。こっちの小さなつぶがかんじんなんだ。

これをセメダインでくっつける。

小さくてやりにくいなあ。

ぼくはかざり台を組み立てる。

できたつぶを葉っぱにのせて……。

それから？
これでおしまい。

A 本当　火山活動で大量の二酸化炭素が発生したため、平均気温は現在よりも10度近く高かったことがわかっている。

おしまい⁉
こんなのみんなにみせたらわらわれちゃうよ。

なんだありゃ⁉

あれがプラモだって。
わらっちゃうよ。
アハアハ。

？

なんの音だろう？
それより、プラモをみて‼

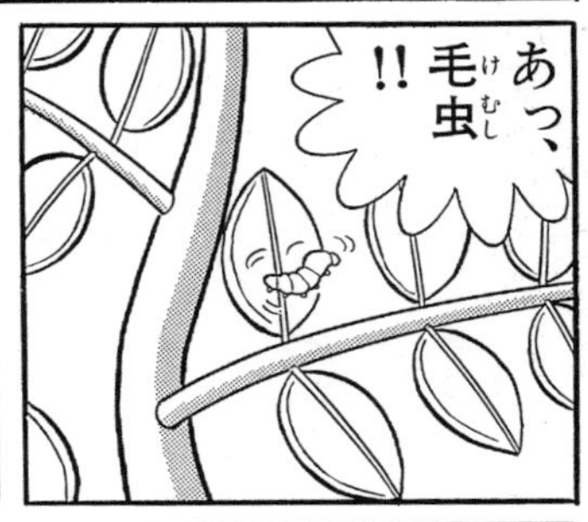
あっ、毛虫‼

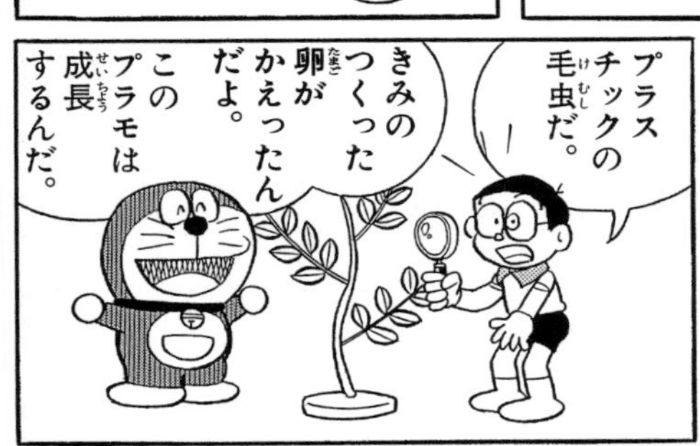
プラスチックの毛虫だ。
きみのつくった卵がかえったんだよ。このプラモは成長するんだ。

本物の幼虫の一日分を、十分で成長させるから、観察ノートをつければ、夏休みの宿題なんかすぐできちゃう。
すばらしい‼

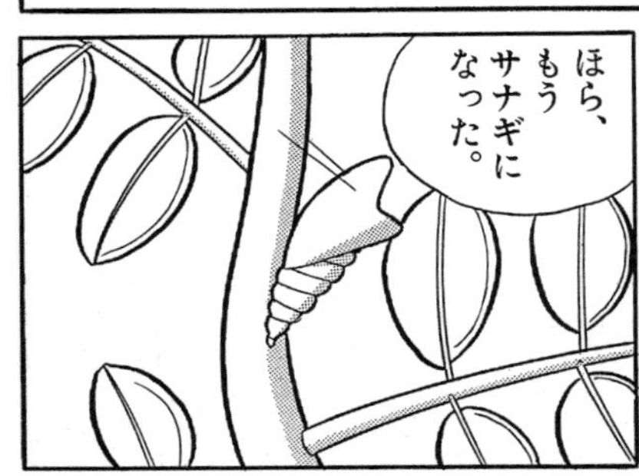
ほら、もうサナギになった。

A 本当 殻の真珠層がもとになった虹色に光る化石で、アンモライトと呼ばれているぞ。

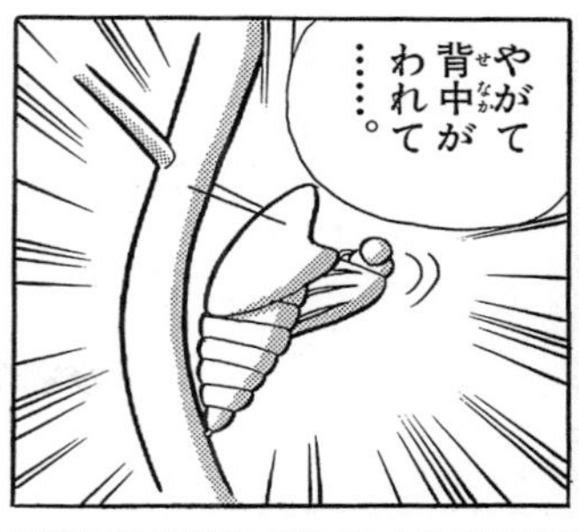
やがて背中がわれて……。

わーい。ちょうになった。

ポン

ポト

すっかり成長すると、もとの卵にもどるの。

おもしろい。もっとだして。
遊び道具じゃないよ、これは勉強のために……。

ひとつだけ！しずちゃんにみせたいんだよ。
ねーえ、ドラちゃん。

すぐおいでよ。
おもしろいプラモをみせるから。

ドラえもんがどんなすごいプラモをだすかと思ったら………。
ま、のび太にはぴったりじゃないの。

Q 日本の石という意味のニッポニテスという化石がある。本当?ウソ?

どこへいくの?
のび太さんのプラモを…。

ワハハハ。
よせよせ、あまりのばかばかしさにあきれるから。

はやく!
そろそろかえるころだから。
?

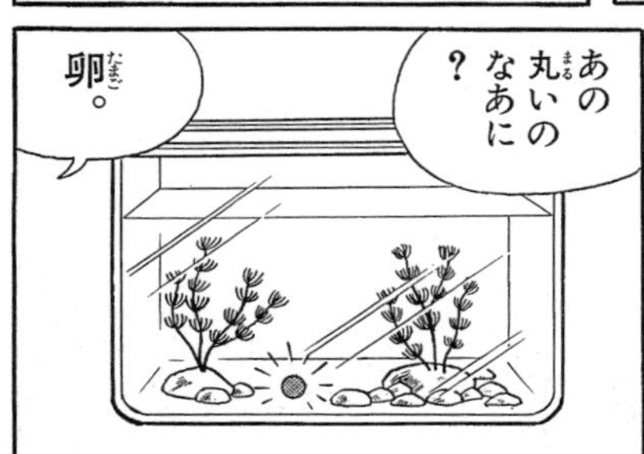
あの丸いのなあに?
卵。

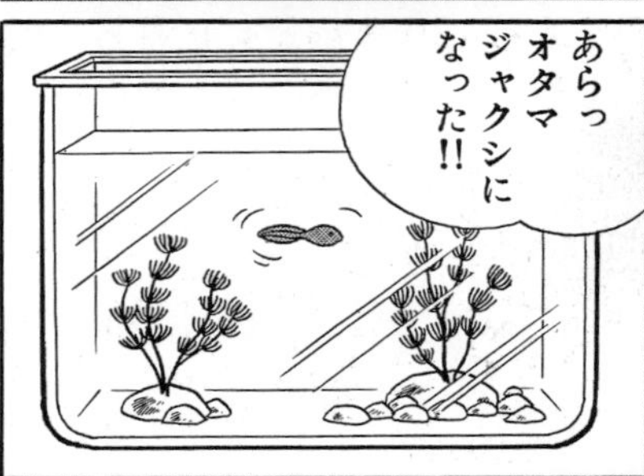
あらっオタマジャクシになった!!

みるみる大きくなって、
足が生えて……。

キャッ!!

カエルきらい!!
プラスチックだよ、ほら。

A 本当　ニッポニテスは殻の渦巻きが特殊な形になった、白亜紀後期のアンモナイトの仲間だ。

ポン
あ、卵にもどった。

もっとかわいいのあげよう。
どんなのがいい？

鳥とか魚とか、卵から産まれる動物なら、なんでもあるよ。

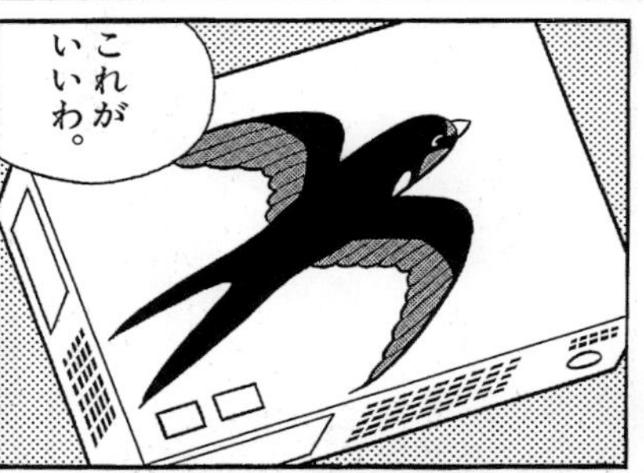
これがいいわ。

でも…、育ったらすぐ卵にもどるの？

停止液をかけておけば、ずっとそのままの姿でいるよ。

さっそくつくってみるわ。

どう？くだらなくて、腹がたったろ？

それが、おもしろいのよ。プラモの卵がかえって成長して……。

生命進化と化石の不思議Q&A

Q 恐竜のフンが化石になって見つかった。本当？ ウソ？

うそだ!!
プラモが育つなんて!!
そ、そうだよな。

しかし…気になる!!

ツバメ!?
まだ冬なのに!!

さっきのプラモの卵がまた卵を産んだの。

ドラえもーん、スネ夫がひとつよこせって…。
こらっ、かってなことを!!

あっ、ネズミの卵!!

キャー、ネズミこわい〜〜〜!

!!

ネズミが卵なんか産むか!!

もっていかれた？
どんなの？
いちばんかっこいいの…。それから停止液も。

A 本当 いろいろな恐竜のフン化石が見つかっていて、ティラノサウルスのフン化石もあるんだ。

さすがにでっかいや。
これとこれをはりあわせるだけでいいのか。
はやくかえってすくすく育て。
リ・リ・リ・リ
リ・リ・リ・リ
なんだなんだ。
のび太、ドラえもん、なんとかしてくれ、大急ぎ!!
こりゃまだまだ育つよ ウルトラサウルスだもの。
停止液をかけたんじゃタマゴにももどらないし…。

恐竜の時代はジュラ紀とともに始まった

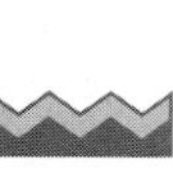
があ

恐竜たちの2大グループ

恐竜は鳥盤類と竜盤類というふたつの大きなグループに分かれて進化した。この2大グループは腰の骨の構造で見分けることができる。鳥盤類は骨の構造が鳥に似ているが、現生の鳥とは関係がない。背中や頭によろいや飾りを身に付けた四足歩行する植物食恐竜のグループだ。竜盤類は二足歩行で肉食の獣脚類と植物食で地上の生物でもっとも巨大に進化した竜脚形類を含んでいる。

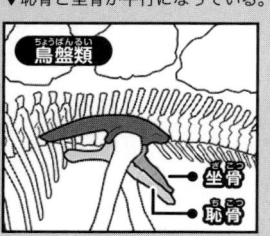

▼恥骨と坐骨が平行になっている。

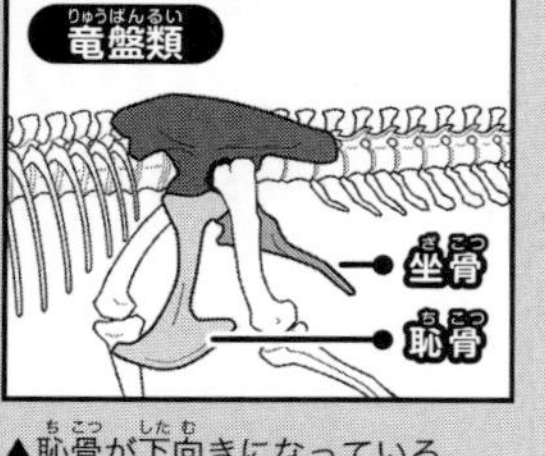
鳥盤類
坐骨
恥骨
竜盤類
坐骨
恥骨

▲恥骨が下向きになっている。

イラスト／加藤貴夫

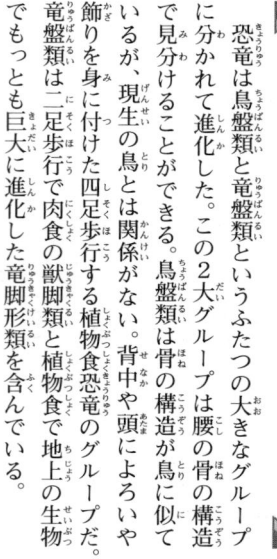

植物食に進化した鳥盤類のなかま

古生代の間、多くの動物が肉食動物だった。動かない植物を食べられるなら、肉食よりずっと簡単に思えるが、魚や動物の肉とは大きく違う植物を栄養として取り込むには、植物の繊維をすりつぶす歯や消化するための長い内臓など、植物食に適応した進化が必要だった。初期の鳥盤類は二足歩行だったが進化とともに四足歩行になったと考えられている。ステゴサウルスは背中に大きな飾りをもつ装盾類の恐竜で、背中の飾りは周囲へのアピールに使われたようだ。

▼ジュラ紀の代表的な植物食恐竜ステゴサウルス。

画像提供／冨田幸光

肉食恐竜も巨大恐竜も竜盤類のなかま

竜盤類はさらに大きく2グループに分けられる。獣脚類は、1m以下の小型種から10mを超える大型種まで、ほぼすべてが二足歩行の肉食恐竜だ。アロサウルスはジュラ紀最強ともいわれるハンターで、体長は約12m。口には肉を切り裂くのに適した薄く鋭い歯が並び、前脚には鉤爪を備えていた。

竜脚形類はほとんどが植物食の恐竜だ。石炭紀以来、樹木の高いところの葉を食べる生物はほとんどいなかった。竜脚形類の巨大で首が長い姿は、栄養分として樹木の葉を選び、効率よく食べられるように進化した結果だと考えられている。初期の竜脚形類は二足歩行だったが、巨大化とともに四足歩行に進化した。竜脚形類には目立った武器はないが、巨大さが身を守ることにつながっていたんだ。

ジラファティタンはジュラ紀後期の竜脚形類で、体長25m、体重50tにもなる。首を持ち上げた高さは15mまで届き、これはビルの5階くらいの高さだ。時速5kmほどで移動しながら生活していたと考えられている。

▲ジュラ紀の陸上で最強の生物だったアロサウルス。

画像提供／冨田幸光

▼長年ブラキオサウルスとされていた標本が実はジラファティタンという新しい種類だったことが2009年に確認された。

画像提供／冨田幸光

世界をめぐったティラノサウルスの進化

アジアで生まれた小さなディロン

かなり原始的なティラノサウルスのなかまのひとつが、中国北東部の約１億２８００万年前の白亜紀前期の地層から発見されたディロンだ。ほぼ全身の化石が見つかっていて、体長はわずか１．５ｍ程度、体重は15kg程度だったことがわかっている。歯や口の構造からティラノサウルスのなかまであることは間違いないが、首や前脚が長く指の数が多いなど、原始的な特徴をもっていた。何より重要なのは、初期のティラノサウルスのなかまの全身が羽毛で覆われていたことだった。

画像提供／Kabacchi

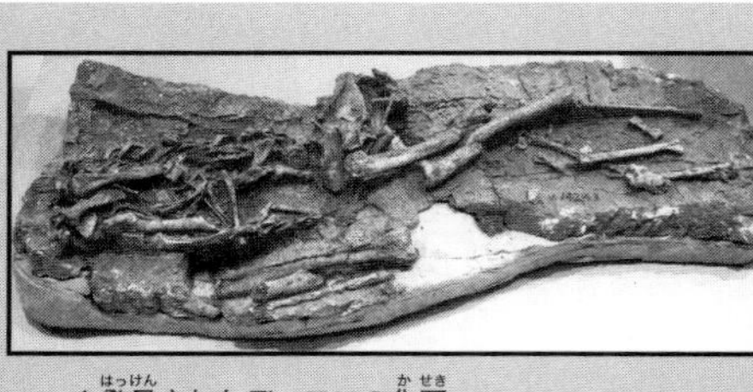

▲発見されたディロンの化石

羽毛に覆われた大型のユウティラヌス

ディロンの発見から、小型の獣脚類はどの種も羽毛をもつ可能性があると考えられた。体が小さいと温まりやすく冷めやすいため、保温のための羽毛が必要だった。

ところが、２０１２年に発表されたユウティラヌスは、体長約９ｍという大型のティラノサウルスのなかまながら、全身が羽毛に覆われていた。羽毛は小型の恐竜だけの特徴ではなかったんだ。ユウティラヌスは頭や首は進化したティラノサウルスに近い形をしていたけれど、指が３本あるなど古い特徴ももっていた。

▼羽毛に覆われたユウティラヌス。

イラスト／加藤貴夫

ティラノサウルス・レックスの登場

世界でもっとも有名な恐竜がティラノサウルスだ。学名のティラノサウルス・レックスもよく知られていて、ティラノサウルスは暴君トカゲ、レックスは王という意味がある。今から約7000万年前の白亜紀後期に北アメリカで登場した、歴史上最強の肉食動物だ。その大きさは体長12m、体重6tを超える。ティラノサウルスが最強といわれるのは、長さ1・5m、幅60cmもある頭とあごの構造に理由がある。がっしりとしたあごの骨から側頭窓まで太く強力な筋肉がつながっていて、物をかむ力はどんな生物よりも強い。最新の研究ではティラノサウルスよりも大型のギガノトサウルスの約3倍、人間と比較すると35倍ものかむ力があったと計算されている。歯には肉を切るナイフのようなギザギザがついていて、一番大きな歯の長さは歯根も含めて30cmもあった。一方で前脚は短く指は2本しかない。動く速さは諸説あって、ほとんど走れなかったとする説から、時速50kmで走れたとする説まである。嗅覚や聴覚も発達していた可能性がある。この身体能力で体長9mくらいまでの恐竜を中心に捕食していたようだ。

　ティラノサウルスのなかまはアジアかヨーロッパのどこかで生まれて、数千万年の時をかけて白亜紀の地球を巡り進化を重ねて、最後に北米で陸上生物の頂点に上り詰めたんだ。

▲白亜紀後期の大陸配置。　イラスト／加藤貴夫

◀頭を下げ尾を水平に伸ばした姿勢で機敏に活動するハンターだ。

画像提供／冨田幸光

ぼく、見たことあるよ。
えっ、どこで。

恐竜の時代は白亜紀とともに終わりを迎えた

肉食恐竜に負けない植物食恐竜たちの進化

植物食に進化した恐竜たちは、獲物を襲うための武器はもたなくなったが、身を守るため力は備えていた。ジュラ紀のステゴサウルスは鋭いとげのある尾が武器で、アロサウルスの化石の中にはステゴサウルスの尾のとげが刺さった穴が開いているものも発見されている。

鳥盤類の植物食恐竜の中でもっとも進化した姿のひとつと考えられているのが角竜類のトリケラトプスだ。白亜紀後期に登場して、北アメリカの地層からしか発見されていない。ティラノサウルスと同じ時代と地域で、大きな群れをつくって生活していたと考えられている。体長約9mで、えり飾りのようなフリルが頭の周りを取り囲み、額には長さ1mもある2本の角、鼻の上にも短い角があって、3本の角を備えていた。この角で立ち向かわれては、肉食恐竜もただでは済まなかったに違いない。

画像提供／冨田幸光

◀▶格闘する植物食のプロトケラトプスと肉食のヴェロキラプトルの化石。

イラスト／加藤貴夫

▼トリケラトプスは植物をちぎるように食べていた。

画像提供／冨田幸光

イラスト／佐藤 諭

▲直径10kmの小惑星が浅海に落下した。

白亜紀末の大量絶滅 K-Pg境界

は虫類が大繁栄した中生代に終わりをもたらしたのが、白亜紀末の大量絶滅だ。以前はK-T境界と呼ばれていたが、研究が進んで後の時代の呼び方が変わったため、K-Pg境界と呼ばれるようになった。

この大量絶滅は、メキシコのユカタン半島北部に落下して直径200km、深さ25kmのチクシュルーブ・クレーターをつくった小惑星の衝突によって引き起こされた。衝突時の大爆発によって高度1万m以上まで噴き上げられた粉じんで太陽光が数か月から数十年にわたって遮られ、地球の環境は急速に寒冷化した。同時に大量の酸性雨が降り、海の環境も激変した。恐竜をはじめ、中生代に生きた生物種の75%が絶滅したと考えられている。

生き残った子孫たち

ジュラ紀中期ごろに獣脚類のドロマエオサウルス類の恐竜から分かれて、空へと進出したグループがある。体温を保つために獲得した羽毛から羽を発達させ、翼へと進化させていったんだ。アーケオプテリクス（始祖鳥）は大きな翼をもち空を滑空することができた。さらに、羽ばたいて飛ぶための胸の筋肉が発達した鳥類へと進化していった。現代の空で繁栄する全体で1万種に達するともいわれる鳥類は、生き残った恐竜の子孫なんだ。

▼全身に羽毛をもつシノルニトサウルス。

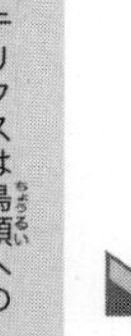

◀アーケオプテリクスは鳥類への進化をたどる重要な化石だった。

画像提供／2点とも冨田幸光

放射線源

もう
話にも
なんにも
ならん!

うちのおやじの
頭の古さと
きたら……。
世の中は
日、一日と
進んでるのに。

追いつこうと
する努力が
まったくない!!
あれじゃ、
とりのこされる
ばっかりだぞ。

よお、
いったい
何の話
?

ラジオだよ。
見てくれ
今どきこんな
十年前の
使ってる
やつなんて
どこにも
いないよ。

キキーッ

進化退化

今はね、FMやらステレオやらテープレコーダーやら、ごてごてついてんだから。

新しいの買おうといったら、おやじ何といったと思う？
ラジオというものは、放送さえ聞こえりゃそれでいいって！
あああ、古い親をもった子は不幸だな。
長い長い大演説だったけど……、
ようするに、新しいラジオがほしいってことか。

「進化退化放射線源」

むずかしい名まえだね。
ダイヤルを十年進めて……。

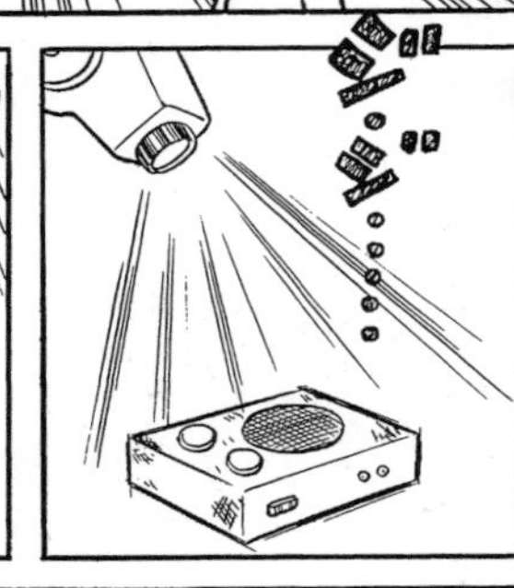

おお、これぞ最新型!!
まて、ついでにもうちょっと進化させてみよう。

腕ラジオ。
テレビ、テープレコーダー、トランシーバーつき。

Q 南米大陸の新第三紀の地層から見つかった大型のネズミの大きさは？

①ネコくらい ②ヤギくらい ③ウシくらい

A ③ウシくらい　名前はフォベロミス・パッテルソニ。体長は約3ｍ、体重はおよそ700kgもあったらしい。

こんなのだれももっていないぞ。♪

退化させることもできるんだよ。

もういっぺんかしてみな。

これなんか、ラジオが発明されたころの物だよ。
じつにじつにおもしろい。

ぼくもなんか進化させてみよう。

えんぴつを。

なんだこりゃ。
活字10000字のマイクロフィルム
マイク
プリズム
カートリッジ
電池
モーター
ランプ
レンズ

Q 有袋類のなかには、肉食のオオカミによく似たものもいた。本当？ウソ？

「自動タイプえんぴつ」になったんだよ。

マイクにしゃべると、カートリッジの色素が、光圧で紙にふきつけられて……。

だんた
しゃべると、
の色素が光圧で紙
ふきつけられて、しゃ
った通りの文章が書けるんだ
よ。
TYOMBOW

電灯なんかどうなるのかな。

あれっ、きえちゃった。

未来の照明は、天じょうとかべ全体が光るんだ。

自動ドアになった。

家中を進化させよう。
もうやめとけ。

そもそもこれは、
生物の祖先をさぐったり、進化のゆくえをさぐるためのものだ。

A 本当 オーストラリアにはフクロモグラ、フクロモモンガなどさまざまな有袋類がいる。フクロオオカミは1936年に絶滅した。

生物か……。
なるほど、そのほうがおもしろそうだ。
ね、ね、うちのパパはおくれてるから、
進化させて未来人にしよう。
それはちょっと………。
いいから。
ダイヤルが退化になってた。
もどせ!!はやく!!
なにをさわいでいるの。
いやいや。
あぶなっかしいから、動物実験をやってからにしよう。

Qラクダの祖先はアフリカ大陸に出現し、西アジアへ広がっていった。本当？ ウソ？

手ごろな
動物を
さがして、

といっても、
さがすと
いないもんだな。

これなんか
どうだろ。

キャア

あ、そうか。
ネズミは
ドラえもんの
にがてだっけ。
いいや、
一人で
やるから。

何千年も
何万年も、
いや、
もっと退化
させて、
ネズミの
先祖を
みて
やろう。

チ、
チッ。

なんかからだが
大きくなってく
みたいだぞ。
げっ歯類の先祖。
このへんから
リスやウサギが
枝わかれした。

ほ乳類の先祖。
は虫類から進化
したのは二億年
以上前と思われる。

A ウソ　ラクダは北アメリカ大陸が起源で、後にアジア・アフリカへ広がった。

ほ乳類型は虫類。
はい竜類は虫類の中でも原始的なもの。
あ……。
いつのまにかこんなに……。
もとのネズミにもどそう。
わあ
近よるな!!

でていっちゃった。
な、なんだ。
怪獣よ!!
大トカゲだ。
恐竜だ。
ドラえもおん。
えらいさわぎになったぞ。
どうしよう。
ネズミ取りを進化させてみよう!

Q 1964年に大阪で高校生が見つけたワニの化石、大きさは?

①約2m ②約5m ③約8m

A

③約8m　約40万年前のクロコダイルのなかま。見つかった場所の名前からマチカネワニと名付けられた。

キーン
キーン
自分でえものをさがしにでかけるのか。
クワッ!?
スポッ
いわないことじゃない。さあ返せ。
もういっぺんだけ!
パパを進化させてから。
なぜ逃げるんだね。
脳ばかりが発達し大頭になる。
機械にたよりすぎて手足は退化する。
汚れた空気を吸わないよう、鼻毛がのびる。
だからやめろといったのに。

恐竜が姿を消した陸上でほ乳類が繁栄した

ほ乳類の先祖。は虫類から進化したのは二億年以上前と思われる。

大絶滅の時代を乗り越えたほ乳類

約6000万年前、それまで地球上を支配していた恐竜たちが姿を消した。この白亜紀末の大絶滅を境に、恐竜を中心としたは虫類の時代が終わり、人類を含めたほ乳類が繁栄する新たな時代、新生代が始まった。

まんがでは、のび太がドラえもんの道具を使って、ネズミの先祖をよみがえらせている。ネズミを含むほ乳類の祖先は、3億年くらい前に出現した単弓類だ。頭骨の目の後ろに穴が1つ開いているなどの特徴があるけれど、その姿は、見た目にはは虫類とそっくりだ。

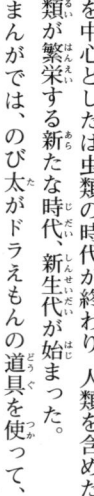

▲古第三紀のほ乳類プレシアダピス。サル類の祖先ともいわれる。

イラスト／加藤貴夫

中生代に入って初期のほ乳類が現れた。ほ乳類の大きな特徴は歯だ。は虫類では同じような形の歯が並ぶが、ほ乳類は、私たちの歯に門歯・犬歯・臼歯があるように、役割に応じた違う形の歯をもつ。他にも、高い体温調節機能をもつ内温性動物（恒温動物）であることや、後に紹介するように、子どもの産み方もは虫類と違う。

中生代のほ乳類は、どれもネズミやリスのような姿で、多くはネズミやネコほどの大きさだった。恐竜が繁栄し巨大化するなか、ほ乳類の多くは夜行性で、ひっそりと隠れるように生き続けた。そして地上から恐竜が消えると、進化と多様化を加速させ、勢力を拡大した。

▼古第三紀のほ乳類ウインタテリウムの化石。草食で、現在のサイによく似ている。体長は約3mで、頭部に6本の角がある。

画像提供／国立科学博物館

ほ乳類をおびやかした強敵とは？

ほ乳類の多様化は、中生代から始まっていた。多くは小型で恐竜を避けるように暮らしていたが、なかには中国で化石が発見されたレペノマムスのように、体長が1mほどもあり、植物食恐竜の子どもを襲って食べていたと見られるほ乳類もいた。

すべての生物種の約75％が絶滅したとされる白亜紀末の大絶滅では、恐竜のほとんどが絶滅し、ほ乳類のなかにも死滅したものが多くいた。生と死のカギを握っていたものは何だったのか。まずは、体の大きさ。小さければ、エサが減っても生き残る可能性は高い。また卵を産むより、子を産んで自分の乳で育てるほ乳類の方が、より確実に子を成長させることができる。もう1つは、ほ乳類のすぐれた歯だ。臼歯を備えたほ乳類は、少ないエサをしっかりかみ砕き、栄養とすることを可能にした。

生き残った恐竜の子孫もいた。鳥類だ。鳥類の起源や進化については、まだわからないことも多いが、新生代初めころの地層からは、ディアトリマなどの巨鳥の化石が見つかっており、ほ乳類を襲ったと考えられている。また、は虫類のワニも生き残り、ほ乳類の強敵だった。

▲羽毛恐竜の子孫とされるディアトリマ。翼は小さく飛べない。

イラスト／加藤貴夫

特別コラム　空に進出したコウモリ

現在、地球上にいるほ乳類は約5000種といわれている。そのなかで最も種類が多く繁栄しているのはネズミのなかま（約2000種）だが、これに次いで種数が多いのはコウモリのなかまで、約1000種もいる。

ほ乳類のなかで、唯一自由に空を飛ぶ能力をもつコウモリは、前肢を翼として発達させるという特殊な進化を果たし、飛行する力を得て、競争相手の少ない空に進出したと考えられている。古第三紀初期の地層から原始的なコウモリの化石が見つかっているが、その姿は現在のコウモリとほとんど同じなんだ。

新生代の主役になったほ乳類

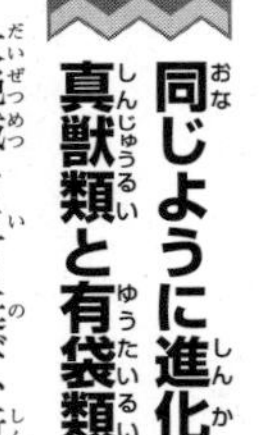

なんかからだが大きくなってくみたいだぞ。
げっ歯類の先祖。このへんからリスやウサギが枝わかれした。

同じように進化した真獣類と有袋類

大絶滅を生き延び、新生代に繁栄したほ乳類の二大勢力は、真獣類と有袋類だ。真獣類（有胎盤類）は、現在のほ乳類のほとんどが含まれるグループで、子どもを体内で育てる胎盤を持っている。一方の有袋類は、現在のカンガルーのように未熟な子どもを産み、腹部の袋（育児のう）で育てる。2つのグループは、同じように進化し、多様化したが、ほ乳類同士の生存競争に負けた有袋類は衰退し、真獣類が繁栄した。だが、1か所だけ有袋類が栄えたのがオーストラリア大陸だ。

真獣類は子どもを体内で育てるため、子どもの成長には有利だが、妊娠中の母親の負担が大きい。有袋類は最悪の場合、子どもの命はあきらめても母親は生き延びることができる。厳しい環境では、有袋類が有利な場面もあったはずだ。また、オーストラリア大陸がほかの大陸と離れていたことも、有袋類には幸いした。現在、オーストラリアには100種を超える有袋類がいる。

イラスト／加藤貴夫

▲南米大陸にいた肉食の有袋類ボルヒエナ。現在のハイエナのような暮らしをしていた。

▲第四紀のほ乳類の王者スミロドン。サーベルタイガーとも呼ばれる。

▲ティラコスミルスは有袋類だが、真獣類のスミロドンによく似ている。

イラスト／加藤貴夫

草原の広がりとともに種類が増えたほ乳類たち

大絶滅後、まず植物食のほ乳類グループが増えた。ウインタテリウム（176ページ参照）のように、大型化するものもいた。それを追うように肉食のほ乳類も現れた。ところが、このころに出現したほ乳類の多くが、3000万年ほどで絶滅している。古第三紀の始新世末に、急な寒冷化が起きたことが原因ともいわれる。危機を乗り越えた新しいほ乳類グループは、やがて爆発的に進化し、多様化する。現在のウマやサイ（奇蹄類）、イノシシやシカ・ウシ（偶蹄類）などのヒヅメをもつ有蹄類、長鼻類（ゾウのなかま）など、現在もよく知られるほ乳類グループが、古第三紀半ば（約5500万年前）にほぼ勢ぞろいした。

古第三紀末から新第三紀にかけて、地球の気候は少しずつ寒冷化の方向に進んだ。これに伴って出現したのが草原だ。温暖だった中生代の地表は広く熱帯雨林に覆われていたが、気温が下がり、乾燥化が進んだことで、森林に代わって草原が拡大したのだ。

森林と違って身を隠す場所がほとんどない草原に進出した草食動物たちが、肉食獣から身を守るためにはどうすればよいだろう。大型化する方法もあるが、速く走って逃げるのも効果的だ。有蹄類のなかには、そのために体の仕組みを進化させたものも多かった。ウマやシカ、ウシなどのヒヅメも、草原を速く走るための進化の結果といわれる。

写真提供／国立科学博物館

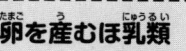

▲新第三紀、草原に適応した初期のウマのなかまメリキップスの化石。

特別コラム　卵を産むほ乳類

ほ乳類の二大勢力として、真獣類と有袋類を紹介したが、実はもう1つ、現在まで生き残っている不思議なほ乳類がいる。卵を産むカモノハシとハリモグラで、単孔類と呼ばれる。カモノハシは卵をお腹の上で温め、ハリモグラはメスの腹部のひだ状の袋に卵を産む。どちらも生まれた子どもは母乳で育てる。また、内温性動物ではあるが、気温によって体温が変動するなど、体温調節の能力は低い。

単孔類は、中生代初期に他のほ乳類グループと分かれた最も原始的なほ乳類といわれている。その化石は、白亜紀初期の地層からも見つかっている。

陸上から再び海へ戻ったほ乳類

クジラとカバは親せきだった!?

中生代には、首長竜や魚竜など、は虫類のなかで海に進出するものがいた。同じように、新生代には、ほ乳類のなかから海で生活するグループが現れた。その代表が、現在のクジラ（イルカ）のなかまだ。

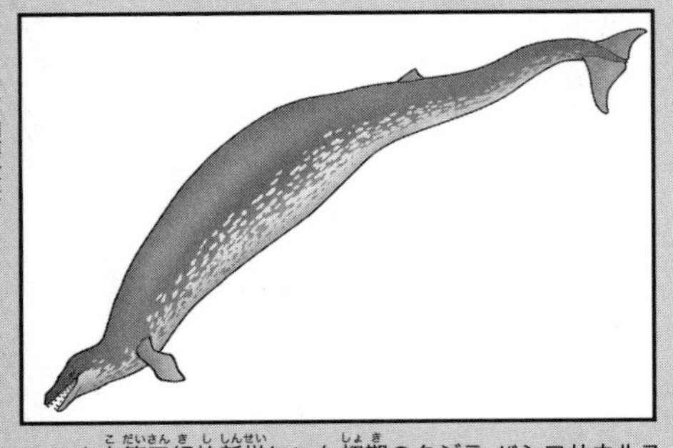

▲古第三紀始新世にいた初期のクジラ・バシロサウルス。

約5300万年前の地層から、〝最古のクジラ〟とされるパキケトゥスの化石が見つかっている。系統学的には偶蹄類のカバのなかまに近いとされる。下の図のように、その姿はクジラとはほど遠いが、骨の振動で音を聞くクジラ類と共通する耳骨を備えていた。やがてワニのような姿から、前肢はひれとなり、後ろ肢は退化した。バシロサウルスのような姿になるのに、わずか1000万年ほどしかかかっておらず、急速に水中生活に適応したと考えられている。

▼クジラの祖先パキケトゥスは陸上で生活していた。

イラスト／加藤貴夫

特別コラム　世界遺産「クジラの谷」

エジプト・カイロ近郊の砂漠地帯に、新生代古第三紀の堆積層が広がっている。ここから、バシロサウルスなど、初期のクジラの化石が数多く発見されることから、「クジラの谷」と呼ばれ、世界遺産にも登録されている。

5000～4000万年前ころ、この一帯にはテチス海の広い浅瀬が形成されていた。クジラの祖先、パキケトゥスの化石も、当時テチス海に面していた現在のパキスタンで発見された。テチス海は生物も豊富で、クジラたちにとって暮らしやすい場所だったに違いない。

七万年前の日本へ行こう

Q 最終氷期（約7〜1万年前）のころ、日本列島はユーラシア大陸と陸続きになった。本当？ ウソ？

じゃあね。
あれ？
おまえの家、こっちじゃなかったか？

それがとうぶんホテルぐらしなの。
家が改築中でさ。

カイチクってなに？
たてなおすことよ。

せまっくるしいから広くするの。やはり人間はのびのびとくらさないと心まで小さくなっちゃう。

そりゃきみたちの家よりはましだけど、外国にくらべるとまだまだ……。

居間をうんとひろげるからかなり大きなパーティーも……。
ビデオルームには百インチの大スクリーンに立体音響カラオケ用の舞台も作って……。
ついでに屋内プールもほしいんだけど、さすがにそこまではね。

「外人は日本の家をウサギ小屋とよんでるんだよ」だって！

うちも改築してもらおうよ。
とつぜんなにをいいだすんだ。

スネ夫の家が……、百インチのカラオケやら屋内プールやら……。

きみも押し入れでねるより自分だけの部屋がほしいだろ!?

ほしい!!
ほしいとも!!

ま、無理だろうけどね……。いうだけいってみようよ。

ね、そろそろ改築しない？
あちこちいたんできたし。

地主さんがしょうちしないよ。
いまにここへマンションをたてるつもりらしい。
地主さんが？

ジヌシってなに？
ここの土地の持ち主だよ。

A 本当　海水面は100m以上低下し、北海道が大陸とつながった。対馬海峡も非常に浅くなり、ヘラジカなどの大型動物が日本に渡ったとされる。

Q 昔は、日本にもゾウのなかまがいた。本当？ ウソ？

じゃ、この土地を買っちゃえばいいんだよ。
気やすくいわないでよ。

このへんは値上がりがはげしくて、三・三平方メートル百万円近くするのよ。

ヒヤヒヤクマンエン!?

じゃ、もしマンションがたつことになったら？
立ちのくしかないでしょ。

立ちのくってどこへ？
さあてね……。

まだとうぶんだいじょうぶだよ。
それにしても………、なんとか………。

そうだ!!

まだだれもいない大昔へ行ってここへ家をたてるんだ！それ以来ずーっとこのへんはぼくんちのものということに……。
そううまくいくかな？

パパの会社やきみの学校は?
タイムマシン通学なんてかっこいいじゃん! 毎日きみが送りむかえして……。

おことわり!! 人をなんだと思ってるんだ!!

もっと手軽に行ったり来たりできないかなあ…。
できない!! ぜったいに!!

あ! いまひげの先がピクピクッとふるえた。ドラえもんがうそつくとそうなるんだ!
するどい…。

「いつでもポスター」

行きたい時間をかきこむんだ。
いつにする?
そうねえ……。

こないだ七万年前の日本へ行ったろ、あそこならまだだれもいないはずだよ。

これでよし!
七万年前

そんなところへはっとくとまずいよ。

A 本当 新第三紀鮮新世のはじめ(約500万年前)以降、ナウマンゾウなど5種類ほどのゾウのなかまが入れ替わりながら、日本に生息していた。

むこうへ行ってるあいだにママが来てはがしちゃったりしたら、
帰れなくなるぞ。
そりゃたいへん!!
どこかめだたないところへ……。

ここなんかどう?
ま、いいんじゃない?

入り口が開いた。

ワアイ、だれもいない日本。
ぼくらだけの東京だ!!

ここへ家をたてよう。
だれも来ないうちに早く!早く!
だいじょうぶだよ、あわてなくても。

生命進化と化石の不思議Q&A

Q チンパンジーとヒトのDNAは、どれくらい同じ?

①約58%

②約78%

③約98%

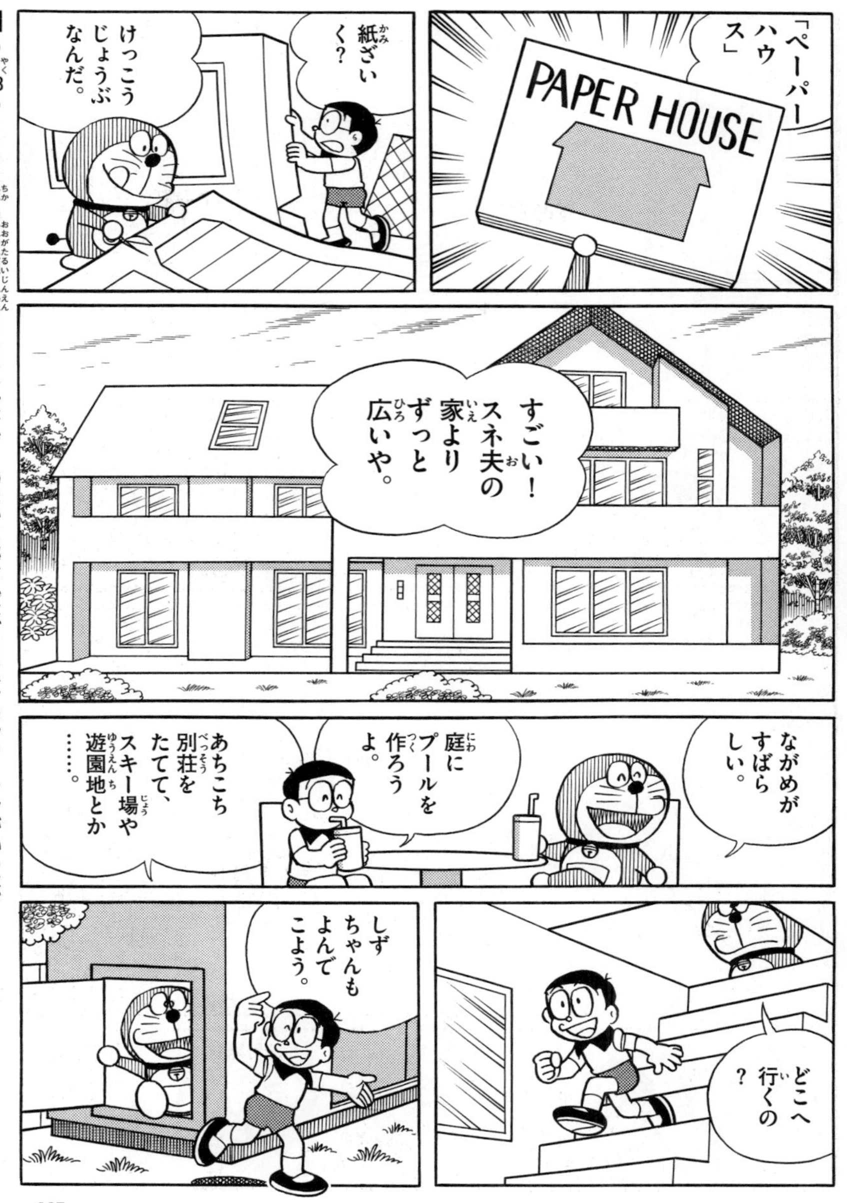
「ペーパーハウス」
PAPER HOUSE
紙ざいく?
けっこうじょうぶなんだ。
すごい!スネ夫の家よりずっと広いや。
ながめがすばらしい。
庭にプールを作ろうよ。
あちこち別荘をたてて、スキー場や遊園地とか……。
どこへ行くの?
しずちゃんもよんでこよう。

A ③約98% ヒトに近い大型類人猿には、チンパンジーのほかに、ボノボ、ゴリラ、オランウータンがいるよ。

Q 最古の人類は、草原で暮らすようになってから二足歩行ができるようになった。本当? ウソ?

お勉強でいそがしいの。
ちょっとのぞくだけでも……。
そうだ、ポスターがもう一枚あるから。
どうぞどうぞ。
キャ!!
?
出入口を二階につけたのがまずかった。
おこらせちゃった。
そのうちここのよさがわかるさ。
こうして空行く雲をながめていると……。
いやあ、じつにのどかでいいなあ……。
ブウン
ヤブカやブヨのむれだ。
殺虫剤なんかない時代だからね。
ピシャ
ピシャ
いいことだけど、かゆいことだ。
ひるねは家の中でしよう。

ウ〜〜

?

オオカミのむれだ!!

この時代は日本にもトラとかワニとか猛獣がいっぱいいいたんだ。

すばらしいけどあぶないなあ。

火山が噴火したぞ!!

みるみるうちに溶岩の流れが草原や森をのみこんでいく!!

ぼくらの家は!?

「いつでもポスター」は!?

あれがないと帰れないぞ。

焼けちゃった!!

A ウソ　以前はそう考えられていたけれど、今は森で生活している間に二足歩行できるようになったという説が有力だよ。

えっ、のび太たちがまだ帰ってこない？

心配いらんよ。ドラえもんがついてるから。
そうかしら……。

ドラえもんがついてて、こんなことになるなんて!!
火山の噴火はぼくのせいじゃないもん!!

!?

なんだなんだ？
あの光は!?

二階に出入り口を作っといてよかった!!

地球は少しずつ寒くなっている？

こないだ七万年前の日本へ行ったろ、あそこならまだだれもいないはずだよ。

何度も繰り返しやってきた氷河時代

近年、地球温暖化が大きな問題になっているが、長い地球の歴史のなかで見ると、現在の地球は、少しずつ寒冷化が進んでいる。中生代、なかでも白亜紀は、年平均気温が今より10℃以上も高かったと推定され、北極圏・南極圏にも氷床や海氷は存在しなかった。

しかし、新生代の古第三紀半ばころから徐々に寒冷化が進行し、第四紀になると、極端に気温が低下して高緯度域が氷床や氷河に覆われる「氷期」が何度も繰り返す、氷河時代を迎えた。この100万年間にも氷期と間氷期が何度も繰り返し起きている。氷期になると海岸線が下がって陸続きになり、動物たちが新しい土地に移動したり、逆に氷床にはばまれて移動できなくなるなど、生態系にもさまざまな影響が出た。

▲間氷期の現在も高緯度地域には氷河が残っている。

特別コラム 地球が凍りついた時代

地球が誕生してから、これまでにも何度か大きな氷河時代があったことがわかっている。なかでも最も厳しい氷河時代が、約7億年前と約6億3000万年前に起きたとされる。極域や高緯度域だけでなく、赤道域まで雪と氷に覆われ、海も氷に閉ざされた。気温はマイナス50℃くらいまで下がったと考えられている。

いわゆる「全球凍結」だ。何らかの理由で地球に届く太陽エネルギーが減少したことに加え、温室効果ガスの減少、雪や氷による太陽光の反射などがその原因といわれるが、詳しいことはまだよくわかっていない。

オオカミのむれだ!!

寒さに耐えながら生き延びた動物たち

氷河時代を生きるほ乳類たち

新第三紀は、寒冷化が進行した時代だ。南極大陸は氷床で覆われ、動物は姿を消した。一方、熱帯林に代わり大規模に広がった草原では、植物食の有蹄類がどんどん多様化していった。新第三紀初頭まではウマのなかまを中心とした奇蹄類（ヒヅメの数が奇数）が発展したが、新第三紀から第四紀には偶蹄類（ヒヅメの数が偶数）が勢力を拡大した。なかでも繁栄したのは、反芻類と呼ばれるウシやシカのなかまだ。

画像提供／冨田幸光

▼氷河時代に日本にいたヤベオオツノジカ。大きな角をもっていた。

反芻類は、のみ込んだ食物を再び口でかみ返したり、複数の胃で消化しにくい繊維分を分解・消化することができる優れた消化機能をもっていた。

氷河時代には、ケナガマンモスをはじめ、サイやウシのなかまのなかにも、ふさふさの毛で寒さに適応するものがいた。ユーラシア北部で化石が見つかるホラアナグマは、洞窟などで冬眠したと考えられている。また、寒さから逃れるために、より温暖な地域へ移動するものもいた。

現在のアフリカにはヌー、エランドをはじめ多くのウシのなかまがいるが、これらの祖先は、もともとはユーラシア大陸からやって来た。このように、動物たちはさまざまな方法で氷河時代を生き延びる道を探ったが、絶滅した種もたくさんいた。

◀現在のオオカミに近いダイアウルフ。氷河時代の肉食獣。

イラスト／加藤貴夫

▲全身が毛で覆われ、氷河時代の寒冷な気候に適応したゾウの仲間ケナガマンモス。

イラスト／加藤貴夫

ゾウたちの進化と衰退

植物食のほ乳類のなかには、サイのなかまのように大型化するものもいた。陸上で暮らすほ乳類のなかで、過去最大とされるのは、奇蹄類のインドリコテリウム。肩までの高さが4・5m、体重20tと推定されている。サイのなかまとされるが、その姿はウマに似ている。

ゾウのなかまも大型化への道を歩んだほ乳類だ。古第三紀半ばにアフリカ北部に現れたゾウの祖先は、小型で現在のバクに似ていたらしい。やがて森林や水辺など、さまざまな環境に適応しながら、多くの種に分かれ、第四紀にはヨーロッパ・アジア・北米・南米大陸と世界中に進出した。なかにはデイノテリウムのように、下あごだけに牙をもつものもいた。北米大陸で化石が見つかったアメベロドンは、下あごに平たいスコップのような牙を持ち、水生植物をさらうようにして食べたと考えられている。

多様化するなかで体は大型化し、牙も発達したが、ゾウの進化で最も重要だったのは長い鼻だ。ゾウは長い鼻を器用に使って、池や川の水を飲んだり、木の葉や草をたぐり寄せて口に運んだりすることができた。長い鼻は、大型化したゾウが幅広い環境を利用しながら生き抜いて行く上で、何より役に立ったはずだ。一時は大いに発展したゾウだったが、そのほとんどが絶滅し、現在はアジアゾウとアフリカゾウの2種しか残っていない。

▼新第三紀に現れたゾウの仲間デイノテリウムの化石。他のゾウと違い、下あごに牙がある。

画像提供／冨田幸光

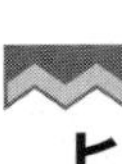
この時代は日本にもトラとかワニとか猛獣がいっぱいいたんだ。
すばらしいけどあぶないなあ。

人類によって支配された地球

ヒトへと進化するまでの道のり

私たち人類の祖先である霊長類が出現したのは、古第三紀の初めとされる。その姿はネズミに似ていた。新生代初期に現れたプレシアダピス（176ページ参照）も、姿はリスのようだが、初期の霊長類の一種だ。霊長類は、木の枝をつかめるように手足が発達し、顔の側面にあった両目が前を向き、遠近感をつかみやすくなり、エサとなる昆虫などを捕える能力が向上した。現在のキツネザルやメガネザルは、こうした原始的な霊長類の特徴を残している。

新第三紀には、プロコンスルなどの初期の類人猿が現れる。現存する大型類人猿のなかで、オランウータンは約1400万年前、ゴリラは約1000万年前、チンパンジーやボノボは約700万年前に人類へ続く系統と分岐したと推定されている。現在見つかっている最古の人類（猿人）の化石は、約700万年前のサヘラントロプス・チャデンシスで、中央アフリカで発見された。現代人類（ホモ・サピエンス）の直接の祖先は、約200万年前に現れたホモ・ハビリスといわれるが、違うとする説もある。

写真提供／国立科学博物館

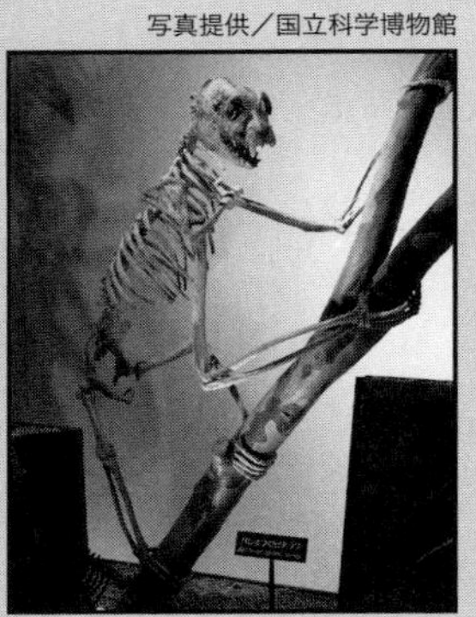

▲原始的な霊長類パレオプロピテクスの化石。

▲ジャワ原人の名でも知られるホモ・エレクトゥス。

イラスト／加藤貴夫

▼最も初期の類人猿プロコンスルの頭骨。

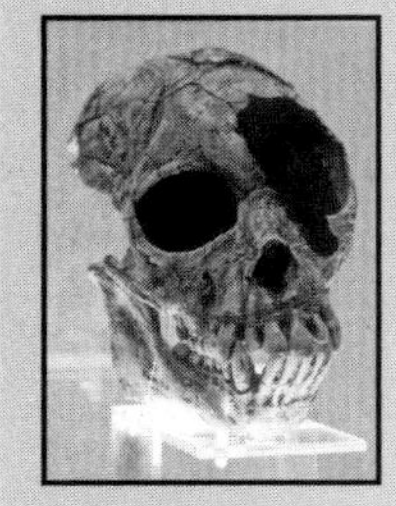

撮影／大橋 賢　国立科学博物館所蔵

人類が動物たちを絶滅へ追い込んでいる

20世紀半ばころまで、人類は猿人から原人・旧人・新人と段階的に進化した単一種と考えられていた。しかし、その後各地でさまざまな人類の化石が発見され、人類も他の動物と同じように、多様な分岐と絶滅を経たことがわかってきた。約700万年前に現れた人類は、多様化しながら約500万年の間アフリカで過ごし、やがてホモ属がアジア・ヨーロッパへと広がり、さらに多様化が進んだ。だが、それらがその地域の現代人類へ進化したのではなかった。約20万年前にアフリカで出現したホモ・サピエンス一種が世界中に広がり、各地の原人や旧人たちは絶滅していたのだ。

▲約1万年前に絶滅した大型草食獣メガテリウム。

イラスト／加藤貴夫

絶滅したのは人類だけではない。人類は、二足歩行や発達した脳、道具を使う能力など、他の生物にはない優れた能力を手に入れ、急激な進化を遂げ、地球を支配するほどの繁栄をとげたが、その一方で、多くの生物を絶滅に追い込んできた。古くは食料にするための狩猟によって。開発で生息地を奪われたり、環境が変わって生きていけなくなったものもいる。現在も多くの生物が絶滅の危機にあり、過去に起きた地球史上の大絶滅に匹敵するともいわれる。

▼有袋類では史上最大のディプロトドン。約4万6000年前に絶滅。

イラスト／加藤貴夫

特別コラム 最も繁栄したのは昆虫!?

人類は、本当に地球上で最も繁栄している生物といえるだろうか？というのも、人類は地球上にホモ・サピエンス1種類だけで、多様性がまったくないからだ。反対に、地球上で最も多様性に富んだ生物は昆虫だ。確認されているものだけでも100万種を超え、全動物種の約4分の3を占める。まだ発見されていないものを含めると、1000万種以上ともいわれる。

昆虫が出現したのは古生代デボン紀前期。以来約4億年にわたって生き続け、空を飛ぶもの、水中で生活するものなど、生き方も多様だ。本当に地球を支配しているのは、昆虫？

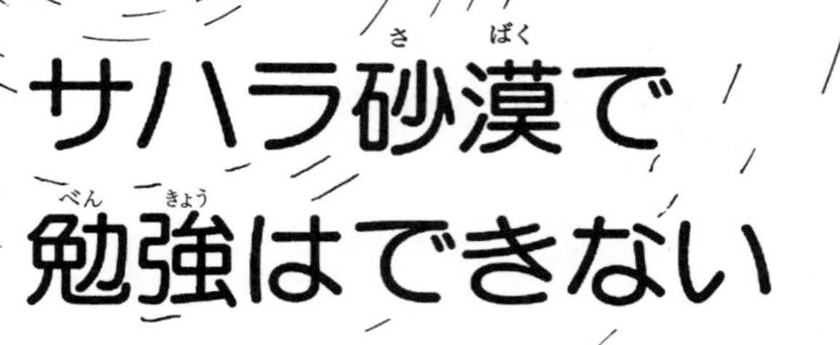

サハラ砂漠で勉強はできない

また何か、
とんでもないこといってておこらせたな。
いや、勉強しろしろとあんまりうるさいから、
いってやったんだ。
勉強させたければ、
まず、環境をととのえてくれってね。
どういういみ？

たとえばスネ夫は、ある私立有名中学に入るため、猛勉強中だ。
どこでやってるとおもう？
軽井沢の別荘を、夏休み中かりきったんだぜ。

それにくらべて、このへやはどう？
せまくるしくて、あつくるしくて、きたなくて……。

勉強させたければ、別荘をかりてくれといったんだ。

すると、環境さえ、よくなれば、勉強するってわけ？
いたしますとも。

じゃあ、軽井沢なんていわずに、スイスの高原あたりに行けば、もっと勉強する？
能率があがるだろうね。
もう、むちゅうになって勉強すると思うよ。
フロリダの森の中とか、カナディアンロッキーの湖水のほとりなんかもいいだろうね。

生命進化と化石の不思議Q&A

Q 大昔、化石の発掘競争が度を越して、行き着いたのは……。

①口げんか　②殴り合い　③銃撃戦

A ③銃撃戦 19世紀末の古生物学者、マーシュとコープの発掘チームがくりひろげた発掘ポイントの奪い合いは銃撃戦にまで発展した。

朝から晩まで、机にむかっているね。

ウイン
ウイン
ウイン

わっ、ここはどこ！

カナダのジャスパー公園。さあ、勉強しろ。

その機械だな。

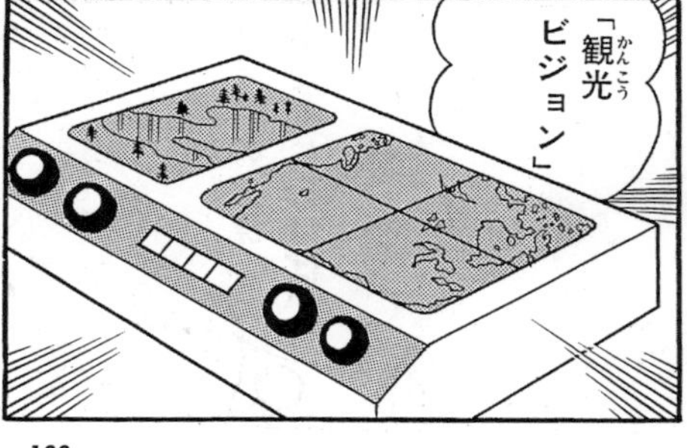
「観光ビジョン」

緯度と経度をあわせれば、そこのけしきを電送してまわりにうつしだすんだ。
するとこれは、本物のカナダのけしき！

そういえば、枝が風にそよいでる！さざ波がきらめいている！

水がつめたそうだ。
ワーイ。
あぶない！

へやの広さは、もとのままなんだから。
ゴチ

ダイヤルは、百キロ単位の大移動用から、メートル単位の微調整用まで四段階ある。
だから、北極みたいに遠いところから、

うちの庭みたいに近くまで、自由にうつしだせるんだ。

生命進化と化石の不思議Q&A

Q 恐竜の化石が「巨人のキンタマ」と名付けられたことがある。本当？ ウソ？

ぼくにやらせて。スネ夫の別荘をうつしてみたい。
いいよ。

ポイントを日本において、
少しずつ的をしぼっていく。

あれ？
ははあ軽井沢は今、雨がふってるな。

ここも雨もりするよっ。
しかたない、かさをさすざます。

なんで、こんなボロ別荘をかりたのよ。
いちばん安かつたからざます。

エヘヘ。

ようスネ夫、
雨もりのぐあいはどう？

どうしてわかった？

A 本当　17世紀に発見された恐竜らしき太ももの骨を、後の研究者が「巨人のキンタマ」という意味の名前をつけてしまった。

Q 歴史あるデパートなどの大理石の壁や床に、化石が見つけられることがある。本当? ウソ?

ウインウイン
ほかの友だちはどうしてるかな。

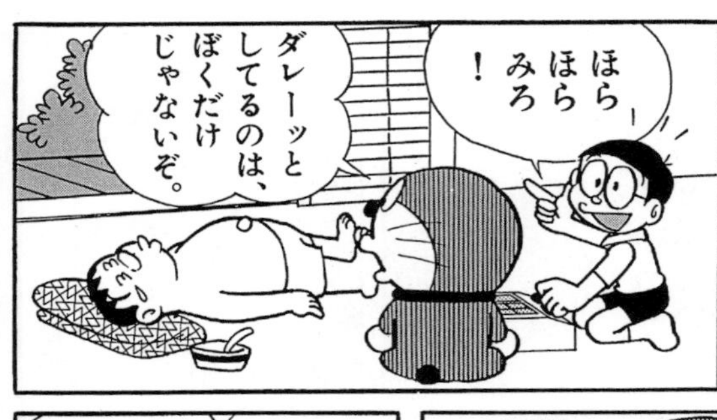
ほらほらみろ!
ダレーッとしてるのは、ぼくだけじゃないぞ。

みろみろ!しずちゃんだって。

よその家ばっかりのぞいて!
何のためにこの機械をだしたんだ。

そうそう、
いい環境で、勉強するためでした。

ど、こ、に、し、よ、う、か、な、
天神さまのいうとおり。

うひゃあ、こりゃいったいどこだ。
サハラ砂漠あたりだね。

A 本当 植物や貝、アンモナイトの化石がうまっていることがあるんだ。

あんまり広すぎても、気がちってなあ…。
じゃ、ほかをさがせばいい。
まて！
あれは？
人かげみたいだぞ。
けしきを移動させよう。北西へ一キロあまり。
そうなん者だ！
み、水を……。

Q 2016年現在、実在する恐竜名は?
①エヴァサウルス ②ゴジラサウルス ③ウルトラマンサウルス

水ですか、はいはい。

ばかだね、本物のその人は、はるかなサハラ砂漠にいるんだよ。

大いそぎで救急車を。
いまにも死にそうなんです。

場所ですか。
サハラ砂漠のですね…。

ガチャ

くるしい……。
死ぬ…。
ど、ど、どうしよう。

「どこでもドア」を。

かぎはどこだったっけ。

「タケコプター」で。
のろいから、何十日かかるかわからないよ。
死ぬ……。死ぬ……。

A ②ゴジラサウルス　化石の命名者が、怪獣映画「ゴジラ」の大ファンだったのでこの名になった。

ゴォン
ゴォン
飛行機がみつけたらしい。
もう安心だね。
よかった。よかった。
こっちまで、グッタリしちゃったよ。
さ、そろそろ場所をきめて、勉強にかかろうよ。
そういうけどね……。勉強むきのけしきって、なかなかないもんだねえ。
まだそんなこと、いってるのか!
よおし!
勉強むきのけしきをだしてやる!
先生のおたくだよ。

化石が見つかりやすい場所とは？

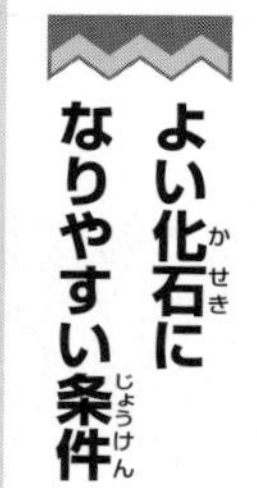
あれは？

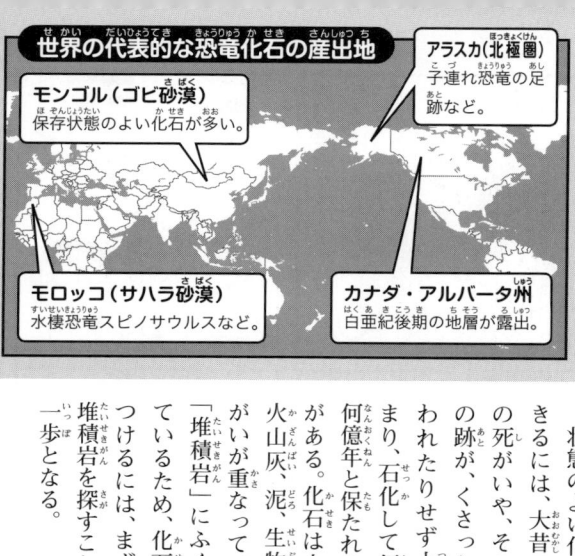

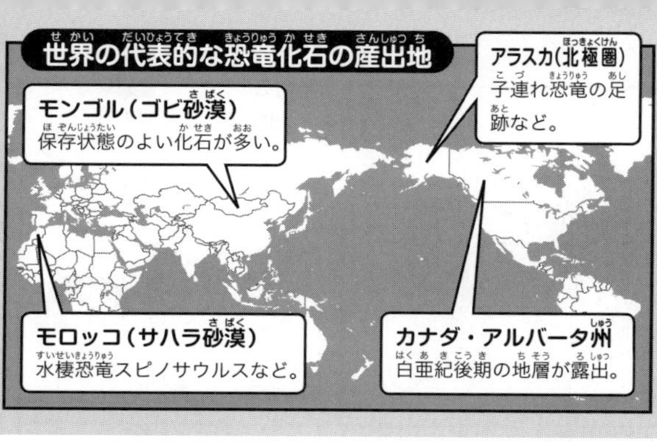
世界の代表的な恐竜化石の産出地
モンゴル（ゴビ砂漠）
保存状態のよい化石が多い。
アラスカ（北極圏）
子連れ恐竜の足跡など。
モロッコ（サハラ砂漠）
水棲恐竜スピノサウルスなど。
カナダ・アルバータ州
白亜紀後期の地層が露出。

よい化石になりやすい条件

状態のよい化石ができるには、大昔の生物の死がいや、その生活の跡が、くさったりこわれたりせず土に埋まり、石化して何千万、何億年と保たれる必要がある。化石は小石や火山灰、泥、生物の死がいが重なってできた「堆積岩」にふくまれているため、化石を見つけるには、まずこの堆積岩を探すことが第一歩となる。

砂漠で化石が見つかりやすい理由

しかし、化石がまとまった状態で、しかも目につきやすい場所に存在するケースは全体のほんの一部。運良く化石になっても、地層が草木に覆われていたり海の底だったりすれば、私たちの目には永遠に触れることはない。世界の地中には、そんな日の目を見ない化石がたくさん眠っていることだろう。

そうした点でいえば、砂漠は化石を見つけるには絶好の環境だ。草木が少なく、雨もめったに降らない砂漠では、堆積岩をふくむ地層を見つけやすく、地層が雨水でけずられることも少ないので、状態のよい化石をたくさん見つけることができるのだ。

実際、世界有数の恐竜化石の産出地には砂漠が多い。恐竜の化石が、全身がつながった状態で見つかることもある。だから、世界各国の研究者たちが調査隊を結成して、大規模な発掘調査へおもむくのである。

きびしい環境の発掘調査は重装備、大所帯に……！

ところが、砂漠のような「化石の宝庫」は、人が生活するにはきびしい場所だ。しかも、超音波探知機で魚群を探す……といったように、化石のありかを教えてくれるハイテク機器も存在しない。科学が発達した現在でも、化石探しで頼れるのはあくまでも「人の目」なのだ。だから、過酷な環境での発掘調査は長いときは数か月にもおよび、それだけ念入りな準備と装備が必要となる。

テントに食料、生活用具、そしてこれだけの装備を運べる自動車。衣食住に必要なものをすべて積みこんでのぞむ化石発掘調査は、きびしい自然にいどむ長旅でもあるのだ。

画像提供／冨田幸光

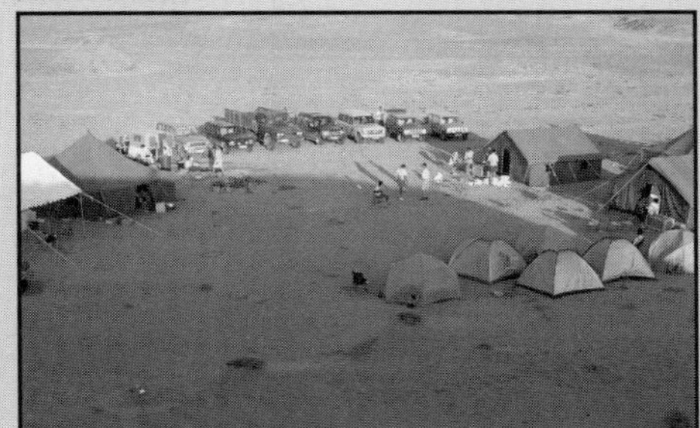

▲テントの設営から食事の準備まで、すべて自分たちで行う。

特別コラム 日本はどこで化石が見つかる？

四方が海にかこまれ、平地が少ない日本の国土では、恐竜のような大型動物の化石が発見されにくいといわれてきた。ところが、近年は全国各地で恐竜の化石が見つかるようになり、大規模な調査が行われているところもある。

特に、ジュラ紀～白亜紀時代の地層が分布する北陸地方は、日本有数の化石の産出地だ。恐竜をはじめ、ワニや鳥などの状態のよい化石が見つかっている。

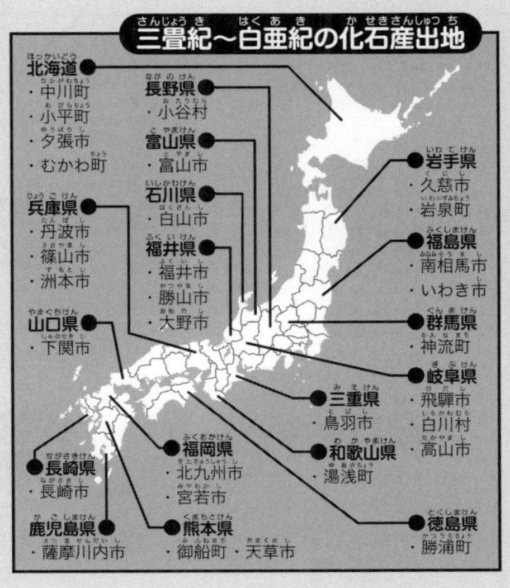
三畳紀～白亜紀の化石産出地
北海道
・中川町
・小平町
・夕張市
・むかわ町
長野県
・小谷村
富山県
・富山市
石川県
・白山市
兵庫県
・丹波市
・篠山市
・洲本市
福井県
・福井市
・勝山市
・大野市
山口県
・下関市
岩手県
・久慈市
・岩泉町
福島県
・南相馬市
・いわき市
群馬県
・神流町
岐阜県
・飛騨市
・白川村
・高山市
三重県
・鳥羽市
和歌山県
・湯浅町
長崎県
・長崎市
福岡県
・北九州市
・宮若市
鹿児島県
・薩摩川内市
熊本県
・御船町・天草市
徳島県
・勝浦町

化石発掘はどのように行うか？

発掘調査隊のメンバー構成

発掘調査隊に参加する研究者の専門分野はさまざまだ。恐竜やほ乳類などの古生物学者だけでなく、古植物学者や地質学者などが加わることもある。また、発掘現場で見つけた化石を、こわさずに持ち帰るためには、「プレパレーター」と呼ばれる化石技術者の存在も欠かせない。

また、海外の発掘調査であれば、現地にくわしいガイドや運転手もスタッフに加わる。

最終的な調査隊の構成人数は十数名。長期間、寝食をともにした発掘調査では、自分の専門を超えて作業を手伝うこともあるという。

イラスト／佐藤諭

古生物学者　化石技術者　地質学者

▲さまざまな研究者と専門家のチームワークで発掘調査は行われるのだ。

発掘作業に使う道具

▲発掘作業のようす。全員で協力し合って行う。

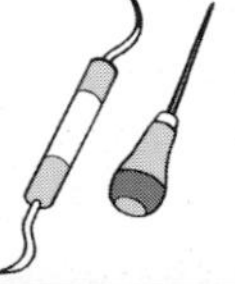

スケーラー

千枚通し

化石のまわりから泥や岩石を取りのぞくときに使う。

ハケ

ブロアー

けずり取った岩石の破片を、化石をこわさぬよう取りのぞく。

硬化剤

化石がもろくなっている場合、かたくする薬剤をかけ、補強してから掘り出す。

画像提供／冨田幸光　イラスト／佐藤諭

画像提供／冨田幸光

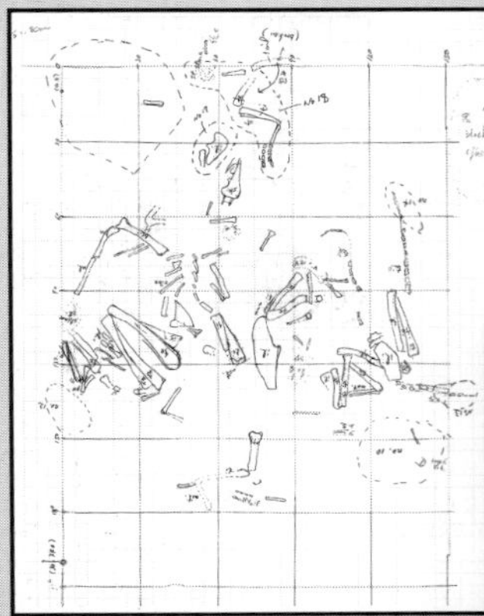

◀発掘現場で描かれたスケッチ。この後にひかえる発掘作業を行うためにも、速やかに、しかも正確に記録しなければならない。

▶発掘現場に格子状に糸が張られているのがわかるだろうか。このマス目は、上のスケッチの正方形の1マス1マスに対応している。

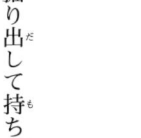

画像提供／冨田幸光

見つけた化石を掘り出す前に記録する

化石の発掘調査の目的は、化石を掘り出して持ち帰ることだ。しかし、それと同じくらい重要なのが、化石が「どこで、どのような状態で発見されたのか」を記録すること。こうした記録は、現場周辺で見つかる新たな化石の手がかりになる。また、化石の周囲で起きた当時のできごとを推測できることもある。

だから、化石を見つけてもいきなり掘り起こすようなことはしない。化石が広がっている範囲を確かめながら、周囲の泥や岩石を慎重に取りのぞいていくのだ。

化石の状態がある程度見えてきたところで、写真を撮ったりスケッチを描いたりして現場を記録する。見つかった化石が動物の骨ならば、どの部位の骨なのか、現場のどの位置にあったのかまで正確に記される。左上のスケッチは、実際に発掘現場で描かれたもの。古生物学者になるには、デッサン力も必要なのだ！

特別コラム

中・高校生が見つけることも！

1968年、福島県いわき市で発掘された首長竜「フタバスズキリュウ」を見つけた鈴木直さんは、当時高校生だった。フタバスズキリュウは、後の研究で新種の首長竜だったことがわかり、今ではフタバサウルス・スズキイという学名がつけられている。

2012年には、岩手県久慈市で琥珀の発掘体験に参加していた中学生が、肉食恐竜の足の指の化石を発見している。世紀の大発見は研究家によるものばかりではない。キミにもチャンスはある！

朝から晩まで、机にむかっているね。

化石から骨格標本をつくる

採取した化石を持ち帰る

現場の記録を行った後、化石はこわれないようにもち帰らなければならない。そこで行われる化石の「荷づくり」作業は特別なものだ。

まわりの岩石ごと掘り出した化石を、石こうにひたした布でぐるぐる巻きにする。大きなものは、ベニヤ板などで囲って、その中に石こうを流しこむ。まるで骨折したときに、患部をギプスで固めてまもるように、石こうで化石を保護するのだ。

荷づくりを終えた化石は、日付や場所、発見者などの情報が書きこまれた後、研究室へ運ばれる。

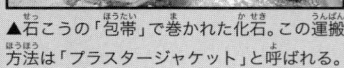

画像提供／冨田幸光

▲石こうの「包帯」で巻かれた化石。この運搬方法は「プラスタージャケット」と呼ばれる。

プレパレーション（化石のクリーニング）を行う

現場から持ち帰った化石は、研究室の専用の施設で「プレパレーション」が行われる。プレパレーションとは化石のまわりに付着した岩石を取りのぞき、化石の姿をよみがえらせる作業のこと。ここで活躍するのがプレパレーター（208ページ参照）だ。針やヘラなどの道具、グラインダーや、歯医者さんが虫歯をけずるときに使うような機械を使って、化石から岩をはがす。鉱物や化石の知識をもとに、道具や機器を使い分けて慎重に作業が行われる。

▲細かい作業は顕微鏡をのぞきながら行うことも。まるで外科手術のよう！

イラスト／佐藤諭

化石から大昔を明らかにする

プレパレーションを経て、岩石から現れる化石はさまざまだ。動物の骨や歯、地面についた足跡や羽毛、うんちなどの生活の跡……これらは当時の生き物の姿や生活を知る上での貴重な資料となるが、実物はただ1つしかなく、とてもこわれやすい。そこで、プレパレーターによって、本物そっくりの化石の模型が製作される。これを「レプリカ」という。

レプリカがあれば、もとの化石の情報を海を越えて各国の研究施設や博物館で共有することができる。つまり多くの研究者の手によって、研究がより深められるのだ。

画像提供／冨田幸光

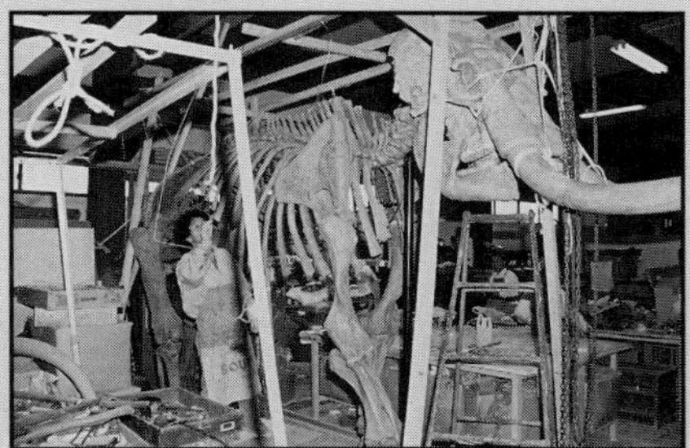

▲発掘時に見つからなかった部位をレプリカで補って、動物の全身骨格を再現することもある。

特別コラム

化石発掘を体験しよう

化石発掘のいろはの「い」が学べる施設の一覧。必要な道具も貸し出してくれる。こうした体験発掘から大発見があったことも！　※開催日、料金、予約方法などの詳細はホームページをご覧ください。

- ●久慈琥珀博物館（岩手県）
  http://www.kuji.co.jp/
- ●いわき市アンモナイトセンター（福島県）
  http://www.ammonite-center.jp/
- ●白山恐竜パーク白峰（石川県）
  http://city-hakusan.com/
- ●木の葉化石園（栃木県）
  http://www.konohaisi.jp/
- ●神流町恐竜センター（群馬県）
  http://www.dino-nakasato.org/
- ●かつやま恐竜の森（福井県）
  http://www.kyoryunomori.net/
- ●御所浦白亜紀資料館（熊本県）
  http://gcmuseum.ec-net.jp/

※ホームページのＵＲＬは2016年10月現在のもの。

イラスト／佐藤諭

あとがき
「化石は遠い過去からのメッセージ」

国立科学博物館　名誉研究員
冨田幸光

理学博士（米アリゾナ大学、1985年）。1981年より国立科学博物館地学研究部研究官。同生命進化史研究グループ長、地学研究部長などを経て、2015年4月から現職。化石哺乳類の系統分類や進化が専門。主な著書に『新版絶滅哺乳類図鑑』（丸善）、『カラー版恐竜たちの地球』（岩波書店）、『図鑑NEO恐竜』（小学館）など。

地球の生命の歴史は38億年と言われますが、実際にたくさんの化石が見つかるようになるのは、カンブリア紀のはじめ（約5億4000万年前）からです。大昔の生物が地層に埋まり、やがて化石となって私たちの目の前に姿を現すわけですが、その間にはいろいろな地殻変動などの作用で、化石を含む地層はズタズタに切られたり、上下が逆転したり、途中が削られたりして、地層の順番がとてもわかりにくくなっています。しかも、この状況は、時代が古いほどひどいのです。本にたとえると、ページがバラバラになったり、破れたり、多くのページがぬけたようなものです。このページの順を正しく直すのが地質学の知識です。最近では地層や岩石の年代を測るいろいろな方法が発達し、ページ直しに役立っています。そして、この直されたページにしたがって化石を調べて、はじめて生物の進化が見えてきます。

このような作業を、例えば日本だけでやっていても、本当の生物の進化は見えてきません。地球全体で行わなければなりません。生物には国境がありませんし、プレートテクトニクスによって陸地も移動しているからです。

本によると化石は古い地層から出るという……。

ピー助、ここがおまえの世界なんだよ。
ここでしあわせにくらすんだよ。

過去30～40年位の間に、日本だけでもいろいろな新しい発見がありました。恐竜の化石は1980年頃までは日本では見つかっていなかったのですが、1981年に最初の化石が発表されて以来、全国の26カ所で見つかり、中にはほぼ完全な全身骨格まで発掘されています。その他、原始的な哺乳類や原始的な単弓類、翼竜、トカゲ、カメ、カエルなど、いろいろな動物化石が恐竜に伴って中生代の地層から見つかりました。また、古第三紀の古いタイプの哺乳類や新第三紀のビーバーやネズミ類なども、多くの種類が新たに発見され、その結果、日本とユーラシア大陸、北アメリカ大陸とのつながりの関係がより明確になりました。

また、新種の命名や陸地のつながりだけではなく、それらの動物がどんな環境にすみ、どんな生態をしていたのか。あるいは、例えばナウマンゾウは、なぜ、いつ絶滅したのか、というような問題にも、かなりはっきりした答えが見つかってきています。爬虫類や哺乳類だけではありません。背骨を持たない（つまり、無脊椎動物の）アンモナイト類、貝類、昆虫類や、さらには植物でも、新しい化石が発見されるとともに、当時の環境や生態、進化と絶滅のようすなどが新たに明らかになりつつあります。

科学的な意味での化石の研究が始まって200年以上になりますが、まだまだ新しいことが次々と発見、研究されています。本書を読んでくれた皆さんは、きっと化石は大好きでしょう。化石は大好きだけど、自分がおとなになるまでに、研究することがなくなってしまうのではないかと、心配している人はいませんか？ そんなことは絶対にありません！

これまでに見つかっている化石は、全体から見ればほんの一握りでしかありません。また、すでに解決済みと思われていたことも、新しい発見でまた研究のし直し、ということもあります。化石になった生物は、国境のない地球に生きていたのですから、化石を研究する場合も世界の化石を相手にしなければなりません。もし、皆さんが化石の研究者（＝古生物学者）になりたいと思ったら、外国語の勉強はもちろん、例えばゴビ砂漠のような厳しい環境での野外調査に耐えられる健康な体と、外国の人たちと仲良くできる素直な気持ちも持ってほしいと感じています。

ビッグ・コロタン⑮⓪

ドラえもん科学(かがく)ワールド
―生命進化(せいめいしんか)と化石(かせき)の不思議(ふしぎ)―

STAFF

●まんが	藤子・F・不二雄
●監修	吉田健司　吉永裕香（藤子プロ） 冨田幸光
●編	小学館　ドラえもんルーム
●構成	滝田よしひろ　窪内裕　丹羽毅　甲谷保和　芳野真弥
●デザイン	ビーライズ
●装丁	有泉勝一（タイムマシン）
●イラスト	佐藤諭　加藤貴夫
●写真	国立科学博物館　冨田幸光 朝倉秀之　大橋賢　埼玉県立自然の博物館　ShutterStock.com 小学館ビジュアルデータベース（SVD） Biswarup Ganguly　Daderot Degan Shu Ghedoghedo James L. J. William Schopf Mokeybjb　Paul Harrison Porshunta
●校正	麦秋アートセンター
●制作企画	長島顕治
●資材	斉藤陽子
●販売	筆谷利佳子
●制作	松田雄一郎
●宣伝	阿部慶輔
●編集	杉本隆

2016年10月31日　初版第1刷発行

●発行人　伊藤護
●発行所　株式会社　小学館
〒101-8001　東京都千代田区一ツ橋2-3-1
編集●03-3230-9349
販売●03-5281-3555
●印刷所　大日本印刷株式会社
●製本所　株式会社　若林製本工場
Printed in Japan

ISBN978-4-09-259150-9